"第三极"科技文库

岩质边坡滚石机理
与非连续变形分析

李俊杰　刘国阳　◎　著

西南交通大学出版社
·成　都·

图书在版编目（CIP）数据

岩质边坡滚石机理与非连续变形分析 / 李俊杰，刘国阳著. —成都：西南交通大学出版社，2022.2
（"第三极"科技文库）
ISBN 978-7-5643-8603-0

Ⅰ. ①岩… Ⅱ. ①李… ②刘… Ⅲ. ①岩质 – 边坡稳定性 – 研究 Ⅳ. ①TU457

中国版本图书馆 CIP 数据核字（2022）第 021377 号

"第三极"科技文库

Yanzhi Bianpo Gunshi Jili yu Feilianxu Bianxing Fenxi

岩质边坡滚石机理与非连续变形分析

李俊杰　刘国阳　著

责任编辑	王同晓
封面设计	曹天擎

出版发行	西南交通大学出版社
	（四川省成都市金牛区二环路北一段 111 号
	西南交通大学创新大厦 21 楼）
邮政编码	610031
发行部电话	028-87600564　　028-87600533
网址	http://www.xnjdcbs.com
印刷	成都金雅迪彩色印刷有限公司

成品尺寸	185 mm × 240 mm
印张	15.75
字数	296 千
版次	2022 年 2 月第 1 版
印次	2022 年 2 月第 1 次
书号	ISBN 978-7-5643-8603-0
定价	120.00 元

"第三极"科技文库序言

　　青藏高原是中国最大、世界海拔最高的高原，也是中华民族的源头地之一和中华文明的发祥地之一，占我国国土面积的约四分之一。青藏高原南起喜马拉雅山脉南缘，北至昆仑山、阿尔金山和祁连山北缘，平均海拔 4 000 m 以上，被誉为"世界屋脊""世界第三极"；青藏高原南部和东南部河网密集，为亚洲许多著名大河如长江、黄河、怒江、澜沧江、雅鲁藏布江、恒河、印度河等的发源地，素有"亚洲水塔"之称；青藏高原土地资源地域分布明显，但数量构成极不平衡，宜牧土地占总土地面积的一半以上，暂不宜利用的土地面积超过三分之一；青藏高原动植物品种丰富，但因其所处的地理环境，生态极其脆弱，在已列出的中国濒危及受威胁的 1 009 种高等植物中，青藏高原有 170 种以上，高原上濒危及受威胁的陆栖脊椎动物已知的有 95 种；青藏高原地域广阔，有着漫长而复杂的地质历史，各种环境下形成了丰富的物质；青藏高原光照资源丰富，年太阳总辐射量为 5 000 ~ 8 500 MJ/m^2，多数地区在 6 500 MJ/m^2 以上；青藏高原的地热资源丰富，热田多、分布广、热储量高。

　　青藏高原被喻为"世界屋脊"，一向以其独特的人文和自然景观闻名于世，其生态环境与发展问题举世瞩目。高原区域的可持续发展是国家全面进入小康社会、实施西部大开发战略的重要组成部分，而青藏高原地区形形色色的自然保护区，又是世界屋脊上生态环境最奇特、生物资源最丰富的自然资源宝库，具有极高的科学价值。青藏高原因其高海拔使得气候极端且多变，自然灾害频发、多样，生态系统极其脆弱，易受外界因素干扰破坏。深入研究青藏高原的形成机理、生态系统的保护与开发，是贯彻落实党中央关于新时代推进西部大开发形成新格局、推动共建"一带一路"高质量发展的战略部署，主动对接长江经济带发展、黄河流域生态保护和高质量发展等区域重大战略的必然要求，也是"牢固树立绿水青山就是金山银山理念，切实保护好地球第三极生态"、全面贯彻新时代党的治藏方略的必然要求。

以青藏高原为核心的"泛第三极地区"与"丝绸之路经济带"高度重合，在"一带一路"背景下，既要实现区域发展又要"守护好世界上最后一方净土"，前提是必须以科学研究为基础，从多学科角度深入认识青藏高原的自然、生态和人文。习近平总书记指出，保护好青藏高原生态就是对中华民族生存和发展的最大贡献。新中国成立后，通过自 20 世纪 50 年代以来国家对青藏高原进行的较大规模考察，60—80 年代对部分问题进行的专题性和区域性研究，90 年代以来国家通过专项计划聚集国际科学前沿或国家重大战略需求开展的研究，极大地推动了青藏高原的科学研究水平，也培养了一大批扎根雪域高原的科技工作者，他们克服高原恶劣的自然环境，经过数十年的不断努力，取得了许多具有重要理论和应用价值的阶段性成果。改革开放后的四十余年，国家持续推进援藏工作，大批内地科技人员勇挑重担，深入青藏高原腹地，为雪域高原带来了最新的科研理论及手段的同时，也极大地推进了青藏高原各学科领域的深入研究。

在西藏和平解放 70 周年之际，由西南交通大学出版社推出的"第三极"科技文库丛书，是广大西藏科技工作者和援藏干部在藏期间的科研成果的汇集，集中体现了广大科研人员在各自的学科领域不断探索、勇于创新的精神，广大科研人员扎根雪域高原、努力建设边疆的报国情怀与各个学科领域学术研究的最新进展。

习近平总书记指出，做好西藏工作，"必须坚持治国必治边、治边先稳藏的战略思想"，"必须坚持依法治藏、富民兴藏、长期建藏、凝聚人心、夯实基础的重要原则"。青藏高原是世界屋脊、亚洲水塔，是地球"第三极"，是我国重要的生态安全屏障、战略资源储备基地，是中华民族特色文化的重要保护地。广大科技工作者一如既往地坚持科技自立自强的精神，按照习近平总书记提出的"在高原上工作，最稀缺的是氧气，最宝贵的是精神"号召，积极投身祖国边疆建设，为青藏高原的科学技术发展、为治边稳藏国家战略的实施、为青藏高原地区社会经济进步，不断作出自己的贡献！

相信本丛书的出版，一定能为继续做好青藏高原科学研究工作，推动青藏高原可持续发展、推进国家生态文明建设、促进全人类科学技术发展贡献中国智慧和中国方案。

中国工程院院士：

2021 年 7 月 26 日

前 言

　　岩质边坡滚石问题是土木工程、水利工程和交通工程中一个十分重要的问题，国内外一直重视对它的研究。这不仅具有重要的学术意义，也因其在土木、水利与交通等工程建设中的危害较大，有重大的现实意义，特别是在我国西部广大地区，地质灾害十分频繁，在大型土木工程设计、施工和运营管理中都会遇到边坡滚石问题，因此，岩质边坡滚石机理研究是解决工程实际问题的前提。边坡崩塌滚石是仅次于滑坡的地质灾害。边坡上危岩体受三维空间结构面切割，在重力、风化、地震、渗透压力等外力作用下从母岩分离，形成滚石。同时边坡的变形失稳、运动、发展、破坏，又是一种典型的非连续块体系统大位移和大变形动力问题，存在着复杂形状块体与复杂地形坡面间的接触变换。因此，准确描述滚石运动过程，掌握滚石运动规律和控制方法，是研究人员近年十分专注的工作。

　　近年来边坡破坏研究的一个主要方向逐渐演化为非连续变形数值分析问题，在散粒体单元、接触单元逐步深入的基础上，研究人员相继提出了离散单元法、DDA法和数值流形法等，这些分析方法有力地推动了边坡稳定分析研究工作。其中，研究岩质边坡破坏的DDA法自提出以来，由于其在方程求解、接触问题和可视化等方面具有优势，得到了一些研究者的深入开发与模拟，用其模拟多质点岩体的滚动、碰撞、倾倒和滑移更加符合试验和现场观测现象。

　　作者及其团队成员，充分利用援藏的机会，结合青藏高原，尤其是藏东南地区多滚石灾害特征开展系列研究工作。本书较系统地介绍了作者团队的新的研究成果，包括边坡失稳和崩塌滚石运动特征、能量转化、冲击破坏能力及致灾方量理论等，揭示边坡失稳和崩塌滚石运动机理及规律。本书分为四部分：第一部分介绍边坡滚石研究现状、3D DDA基本原理及接触模型改进；第二部分基于3D DDA方法开展岩质边坡破坏机理、滚石平台防护作用及树木阻挡效应研究；第三部分开展边坡块体系统失稳室内试验与滚石运动特征室外试验；第四部分分析西藏自治区G318 国道 K4580 典型工程滑坡和崩塌滚石的全过程及现象。

本书是在国家自然科学基金项目"高陡岩质边坡破坏接触模型与三维 DDA 数值模拟研究""大型节理岩质边坡失稳破坏机理三维 DDA 方法与试验研究"和西藏大学学科建设项目"高原重大基础设施与环境实时在线监测技术、安全评价及环境工程控制"资助下完成的。作者的研究工作得到大连理工大学和西藏大学的大力支持。作者要特别感谢石根华教授、彭校初教授级高级工程师对作者的研究工作给予的十分具体的指导和把关；感谢康飞副教授、叶唐进副教授和薄雾讲师，他们对研究工作的推进给予有力支持；感谢研究生赵鹏辉、王壮壮、杨富豪、李光、靳远成等，他们身体力行地在高原缺氧环境下进行现场试验各环节；最后感谢同批援藏的西南交通大学出版社党支部覃维书记，他策划和实施了此项"第三极科技文库"项目，为援藏的科技工作者提供了发表成果的机会。

作　者
2021 年 9 月

CONTENTS | 目 录

1 绪　论 ……………………………… 001
1.1 引　言 ……………………………… 002
1.2 滚石成因机制及失稳启动模式 ……… 007
1.3 滚石运动特征及研究方法 …………… 009
1.4 滚石灾害评价及防护方法 …………… 013
1.5 非连续变形分析（DDA）方法研究 … 015
1.6 本书主要特色 ……………………… 026

2 三维非连续变形分析方法 …………… 029
2.1 块体位移和变形 …………………… 030
2.2 总体平衡方程 ……………………… 031
2.3 三维单纯形积分 …………………… 032
2.4 三维接触处理 ……………………… 035
2.5 三维 DDA 数值实现 ……………… 044

3 三维接触模型 ………………………… 047
3.1 块体大转动模型 …………………… 048
3.2 块体临界滑动模型 ………………… 056
3.3 块体碰撞接触模型分析 …………… 064
3.4 块体基本运动三维 DDA 验证分析 … 068

4 岩质边坡破坏机理 ································ 077

4.1 岩质边坡破坏模式 ························· 078

4.2 考虑惯性分量的失稳模型 ··············· 080

4.3 倾倒分析的进一步工作 ·················· 086

4.4 边坡失稳模型与力学机理 ··············· 087

4.5 山坡岩体失稳破坏分析 ·················· 093

4.6 工程实例 ································· 096

5 边坡滚石平台防护作用 ······················ 101

5.1 边坡滚石重要研究指标 ·················· 102

5.2 滚石动能与轨迹验证分析 ··············· 104

5.3 滚石平台防护作用算例分析 ············· 107

5.4 工程实例 ································· 114

6 边坡滚石树木阻挡效应 ······················ 117

6.1 考虑树木阻挡效应的滚石运动 ··········· 118

6.2 树木阻挡滚石模型输出 ·················· 120

6.3 树木阻挡滚石算例分析 ·················· 123

6.4 工程实例 ································· 134

7 边坡块体系统失稳室内试验 ······ 143

7.1 室内试验材料 ······ 144

7.2 室内试验平台系统 ······ 144

7.3 室内试验工况及结果分析 ······ 147

8 边坡滚石运动特征室外试验 ······ 167

8.1 室外试验场地与滚石选择 ······ 168

8.2 双目立体视觉滚石试验系统 ······ 170

8.3 校园边坡试验工况及结果分析 ······ 177

8.4 现场边坡试验工况及结果分析 ······ 185

9 西藏 G318 国道 K4580 典型边坡滑坡及崩塌滚石分析 ······ 199

9.1 工程概况 ······ 200

9.2 边坡三维 DDA 模型 ······ 202

9.3 大型滑坡分析 ······ 204

9.4 巨石崩塌分析 ······ 206

9.5 大型崩塌分析 ······ 213

主要参考文献 ······ 219

CHAPTER 1

绪　论

1.1 引 言

边坡是被赋予一定工程和环境意义的天然或人工斜坡，是人类工程活动中最基本的地质环境之一，也是工程建设中最常见的工程形式[1]。水利水电、道路交通、露天矿山、城镇地质环境等工程建设均涉及边坡工程。特别是随着我国国民经济蓬勃发展，西部大开发战略和"一带一路"倡议稳步推进，交通基础设施、水电能源和矿产资源开发等一大批重大工程在西部山区和丘陵地区得以实施。在此期间，遇到或形成了大量的岩质边坡，且其开挖和填筑的数量越来越多，高度也越来越高。

岩质边坡是根据边坡介质材料划分的，是与土质边坡相对应的一种斜坡形式。岩质边坡整个坡体均由岩体构成，按岩体结构可分为整体状（巨块状）边坡、层状边坡、块状边坡、碎裂状边坡和散体状边坡等，按岩体的强度可分为硬岩边坡、软岩边坡和风化岩边坡等。也可按岩质边坡的高度分类，一般而言，岩质边坡总高度在 30 m 以下为一般边坡；总高度在 30 m 以上为高边坡，如其坡角大于或等于 45°，则为高陡边坡。高陡边坡易于发生变形破坏。但高陡边坡在不同领域还有着不同的定义，例如：在交通领域，坡高大于 30 m 且坡角大于 30° 的边坡即为高陡边坡；在矿山领域，坡高大于 300 m 且坡角大于 45° 的边坡才称为高陡边坡。

河谷深切、谷坡陡峻、地应力水平高、结构面弱化等复杂的地质条件，加上人类改造自然的规模越来越大，在很大程度上打破了边坡的自然平衡状态，若施工或控制不当，边坡就会发生变形、失稳、破坏，从而引发地质灾害。例如：如图 1.1（a）所示，正在施工的加查水电站周围山体存在危岩体，如果边坡崩塌破坏，将阻碍施工进程；如图 1.1（b）所示，西藏聂拉木县樟木镇坐落在巨型危岩滑坡体上，边坡变形显著且有继续增大的趋势，对居民生活构成极大威胁。边坡灾害不仅体现在其失稳破坏阶段的人员伤亡、经济损失和工程建设受阻上，也体现在其变形阶段对人民生命财产安全的威胁上。岩质边坡失稳破坏不仅会直接摧毁工程建设本身，也会通过环境灾难给工程和人居环境带来直接影响和危害[2]。

（a）施工中的加查水电站

（b）坐落在巨型变形坡体上的樟木镇

图 1.1 边坡变形、失稳及破坏

岩质边坡工程的其中一个重要研究内容是危岩体稳定性分析。危岩体是指陡坡上被多组结构面切割，在重力、风化营力、地震、渗透压力等外力作用下，稳定性较差，具有潜在危险性的岩体[3]。危岩体从母岩彻底分离后产生的个别岩块或岩块系统经下落、回弹、跳跃、滚动或滑动等运动方式中的一种或几种组合沿坡面向下快速运动，最后在较平缓地带或障碍物附近静止下来，此动力演进过程形成滚石或滚石灾害[4]，如图 1.2 所示。实际边坡危岩体崩塌与滚石常常一起出现，二者可以视为因果关系，即崩塌之后可产生滚石灾害。它们在概念上也有着紧密联系，一般认为规模较大时称为崩塌，规模较小时称为滚石。从形成条件和产生原因来看，滚石的形成条件更简单容易，还包括个别岩块的滚落[5]。滚石小到砾石，大到体积数百立方米的巨石，具有点多、面广、速度快、能量高、爆发突然、随机性大、运动距离远、监测预警难度大、致灾严重等特点，且变形破坏过程复杂多样，已成为山区和基础设施运营的主要地质灾害之一[6]。

危岩体

崩塌堆积体

清理后的滚石

（a）危岩体崩塌、滚石及灾害清理

（b）滚石引起交通障碍

图 1.2　G318 国道边坡滚石灾害

　　通过"全国山区丘陵县（市）地质灾害调查"和"重点地区 1 : 5 万地质灾害详细调查"两个阶段的调查，中国地质调查局地质环境监测院发布了最新地质灾害调查结果，截至 2015 年 10 月 26 日，共记录崩塌滚石地质灾害及隐患点约 12 万处，分布于全国的 34 个省级行政区，其中：特大型崩塌滚石灾害，全国共发育 55 处；特大型崩塌滚石灾害隐患点，全国共发育 285 处。从数量上来看，最严重的为四川省、江西省、广西壮族自治区、广东省及山西省等 5 个省（自治区），崩塌滚石发育总数都超过 6 000 处，占总数的 41%，尤其以四川省和江西省最为严重，总数都在 1 万处以上。根据 1981 年全国山区铁路沿线崩塌滚石统计资料，除台湾地区外，有 48 条铁路，仅一年内即发生崩塌滚石 3 395 处，累计延长为 412 108 m。国家统计局公布的地质灾害最新数据显示，2009 年以来我国崩塌滚石灾害在地质灾害中所占的比例达 18.37%，见图 1.3，是仅次于滑坡的第二大地质灾害。表 1.1 列举了国内部分地区近些年的滚石灾害，从中可以看出，崩塌滚石灾害往往导致交通系统瘫痪、房屋建筑毁灭性破坏，给人民生命财产带来重大损失。西南山区和地震灾区一直是滚石灾害的高发地带。此外，矿山、水电站也存在高边坡崩塌滚石风险。例如：1984 年建成投产的铜山口铜矿，由于边坡长期暴露，受岩体结构、降雨、爆破振动等因素的影响，边坡坡面上的危石、浮石渣块大量存在，经常向下滚落，对采掘作业人员和设备构成威胁；2006 年 6 月 18 日，黄金坪水电站地下厂房区后山坡孕育强卸荷风化危岩体，在建设过程中，因持续降雨发生方量约 300 m³ 的崩塌，大量滚石沿坡体翻滚，造成民宅损毁，导致 11 人死亡、6 人受伤，直接经济损失超过 2 000 万元。长期以来，滚石灾害严重危害工程、生命、经济、社会和环境，而随着全球气候变暖，地震活动渐强，人类工程活动加剧，我国崩塌滚石灾害的活动性、发生频率与规模或将大幅上升，未来我国崩塌滚石灾害的减灾工作将异常严峻[7]。因此，滚石灾害研究工作在边坡工程中必不可少，并越来越受到科研工作者及工程技术人员的重视。

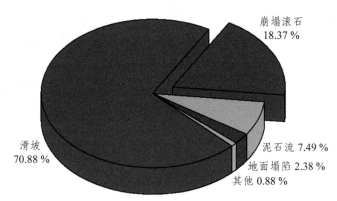

图 1.3　中国不同类型地质灾害比例①

表 1.1　中国部分地区于近年发生的滚石灾害

灾害时间	灾害情况与后果
2009 年 7 月 25 日	汶川特大地震后，都汶公路映秀段岷江右岸彻底关大桥处，山体高位危岩发生体积超过 10 000 m³ 的崩塌，其中一块体积约 50 m³、重约 200 t 的巨石从近 500 m 高处滚落，击断大桥第三根桥墩，引起桥面垮塌，导致 6 人死亡、12 人受伤、7 辆车受损，且阻断阿坝州交通主干道近 1 周
2010 年 8 月 4 日	云南省大理州漾濞彝族自治县瓦厂线 K2+800 地段发生滚石灾害，将一辆正在行驶的小型车辆撞至公路下 250 m，造成 7 人死亡、3 人重伤
2011 年 6 月及 7 月	台湾地区 18 线 K79+650 和 K72+150 道路边坡发生崩塌落石灾害，崩塌体积分别达 1 600 m³ 及 3 000 m³，产生的大量滚石导致交通线路被截断

① 数据来源于国家统计局地质灾害统计数据（2009—2019）。

续表

灾害时间	灾害情况与后果
2012 年 9 月 7 日	云南省昭通市彝良县—贵州省毕节市威宁县交界地区发生 5.7 级地震，且余震不断，大量重卡车般巨石、小体积碎石从山体上高速滚落，袭击学校、道路、房屋和居民，在已公布的 80 余名遇难者中，被滚石砸中丧生的占 80%
2013 年 2 月 25 日	陕西省镇巴县境内 315 县道一辆正在行驶的越野车，被山崖上滚落下来的一块直径约 1.5 m 的巨石砸中，挡风玻璃破碎，车辆引擎盖严重变形，导致车内 3 人被困，驾驶员死亡。在距车辆 1 m 处，另一块直径约 2 m 的巨石横在道路中间
2014 年 10 月 20 日	四川省凉山州昭觉县哈甘乡境内发生山体崩塌，一辆载有 7 人的微型车被滚石击中，造成 3 人死亡、4 人受伤
2015 年 3 月 19 日	广西桂林市叠彩山景区内发生滚石，造成 7 人遇难、25 人不同程度受伤的重大事故，其中一块巨石落下，压倒正准备乘船的游客，致其身亡
2016 年 5 月 26 日	云南省六库—贡山丙瑞线 K154+700 隔界河桥附近，山体巨石滚至路面，滚石最大体积超过 200 m^3，致使交通阻断
2017 年 10 月 15 日	湖北省宜昌市三峡人家景区遭遇滚石坠落事故，造成一旅行团 3 名游客死亡、2 名游客受伤
2018 年 8 月 11 日	北京市房山区大安山乡军红路 K18+350 处发生大规模山体崩塌灾害，约 3 万立方米大小不同的石块同时滚落，砸向、掩埋、摧毁环山公路
2019 年 1 月 12 日	广西桂林市龙胜各族自治县龙脊镇平安村一组，因地质环境条件脆弱，加上连续降雨影响，引发一起约 800 m^3 的山体崩塌地质灾害，造成 3 座房屋损坏、1 人死亡

　　然而，目前我国崩塌滚石灾害研究基础尚属薄弱，防灾减灾能力还难以满足国家经济建设和公共安全的需要[7]。因此，考虑边坡三维地形及滚石几何特征，综合数值模拟、模型试验及现场试验等手段，定性定量地研究边坡滚石失稳启动及运动特征、能量转化及耗散、冲击破坏能力及致灾方量等，揭示滚石成灾规律及演化机理，有效指导滚石防护措施设计，对减小或防止滚石灾害具有重要的工程意义和社会现实意义。

1.2　滚石成因机制及失稳启动模式

　　滚石成因机制是滚石研究的基础，是确定滚石发育特征和灾害易发区的前提。认清滚石灾害发育初始失稳变形阶段的启动模式,对制订防治措施,将滚石灾害消灭于萌芽状态,有着重要的意义。关于滚石成因及失稳启动模式,国内外学者做了大量研究,主要以现场调查和理论分析的综合方法为主。

国内学者胡厚田[8]总结宝成铁路、宝天铁路、成昆铁路沿线的实际工程调研结果,论述了滚石形成条件和产生机理,指出从潜在崩塌体形成、蠕动位移到突然崩落的过程是构成崩塌滚石发展的基本失稳模式,崩塌体刚失稳时的启动模式可分为倾倒、滑移、鼓胀、拉裂、错断五种。孙云志等[9]分析奉节李子垭危岩体的形成机制和稳定性,指出"上硬下软"二元地质结构是形成危岩的内因,而地下大规模采空、水的作用、爆破振动等是危岩形成的外因,且危岩体可归结为滑移和倾倒两种最基本的失稳模式。黄润秋等[10]根据有限元原理,结合重庆市危岩体发育特征,分析了边坡热应力场的交变特性和作用特点,指出温度变化是导致边坡岩体产生浅层破坏的重要因素之一。陈洪凯等[11]基于三峡库区典型岩质边坡现场观测,提出危岩发育链式演化规律,发现陡崖底部泥岩内腔的形成是崩塌灾害发展的原动力,揭示了陡崖上危岩体的形成及失稳机制,并将危岩失稳类型分为倾倒式、滑塌式和坠落式等。胥良等[12]调查并分析了四川西部 108 国道公路斜坡高位崩塌成因,指出地形陡峻、岩体破碎、连续(强)降雨及边坡开挖活动等是引发危岩崩塌落石的关键因素。张世殊等[3]根据溪洛渡、锦屏一级、黄金坪等水电站岸坡危岩体的发育特征和分布规律,指出边坡岩体强烈卸荷、松弛张裂是崩塌滚石形成的主要原因,且多发生于地形陡峻或沟道侧壁地带。王建明等[13]基于边坡实际结构和断裂力学理论,探讨了爆破和降雨作用下诱发含后缘裂缝岩质边坡失稳机制。在链子崖危岩失稳研究中,杜永廉等[14]通过地质力学模拟和现场考察相结合,探讨了危岩体形成过程、裂缝发展机制和岩体稳定性,指出陡缓结构面交切结合的危岩体变形及裂缝张开与长江下切及坡脚煤层采挖有直接关系;张奇华等[15]将危岩失稳破坏细分为 8 种,即蠕滑体滑移失稳、整体压陷倾斜崩塌、滑移-倾斜交错崩塌、裂隙段屈曲变形破坏、上下滑出破坏、倾斜-滑移破坏、倾斜-隐裂缝开裂-崩塌、倾斜-滑移-隐裂缝开裂-崩塌。

国外学者 Hoek 和 Bray[16]在其著作 *Rock Slope Engineering* 中,结合大量工程地质资料,将滚石成因归结为降雨、风化、岩块侵蚀、冻融作用、化学降解、断裂构造、节理裂隙、植物根系生长和工程活动等作用,将危岩失稳主要分为滑移和倾倒等模式。Ashfield[17]在其博士学位论文中总结了美国加州 1 308 次岩石滚落的触发机制,指出降雨、冻融、节理裂隙、风荷载等是诱发滚石的主要因素,并强调只有在陡坡岩体中有足够裂缝来生成潜在的危岩体,才会在外力触动时产生岩崩滚石。Matsuoka 和 Sakai[18]发现基岩受昼夜和季节性冻结作用发生断裂，许多岩崩是由基岩融化引起的，且冻融渗透控制着失稳岩体的最大尺寸。Sass[19]发现潮湿环境下完整岩体在季节性冻结期间可能被冻裂，并认为霜冻、温度波动、降雨冲刷等因素共同触发滚石。Stoffel 等[20]、Perret 等[21]采用年轮地形学方法研究阿尔卑斯山亚高山森林地区岩崩滚石活动的时间和空间规律，指出滚石发生具有季节性，一般温度越高，滚石活动性越高。Wasowski 和 Gaudio[22]、Strom 和 Korup[23]、Marzorati 等[24]、Valagussa 等[25]指出地震是危岩体崩塌落石的主要环境因素；进而，Stoffel 等[26]通过现场调研，指出了巴塔哥尼亚山脉中度地震和远距离崩塌之间的关系。Paronuzzi[27]认为降雨会影响滚石的形成；Attewell 和 Farmer[28]也认为在低温和强降雨期间，崩塌滚石发生概率明显增加。除了以上因素外，Geniş 等[29]还指出爆破扰动、施工机械运行、开挖过程、通行车辆等人为因素，甚至是动物活动，都可能成为诱发滚石的原因。

综合上述研究成果表明，滚石形成是边坡内外因素耦合作用的结果。影响滚石形成的因素众多，且因素之间存在不同程度的相互作用。概括起来，内因包括地形地貌、地层岩性、地质构造、岩体结构等，外因包括地震、降雨、风化、冻融、人类工程活动、动植物作用等。内因是滚石的物质来源，外因起到触发作用，且降雨、风化、冻融等外因也往往影响着岩体结构等内因。滚石失稳启动模式与学者的认识水平和研究对象的客观原因有关，涉及对危岩形成历史、破坏模式等各方面的认识，总体上以滑移、倾倒和坠落为主。这些启动模式与滚石形成因素密不可分，对滚石运动特征有重要影响。

1.3　滚石运动特征及研究方法

崩塌滚石现象可分为两个阶段，一是上一节提到的若干块体失稳启动的初始破坏阶段，二是块体失稳后沿边坡的运动破坏阶段。滚石运动是滚石研究的重要内容。国内外学者对滚石运动特征的研究主要集中在滚石运动轨迹、能量演进、速度变化、崩落或停留位置等多个方面。

滚石运动轨迹一般被视为自由落体、碰撞弹跳、滚动和滑动等四种基本运动形式的组合[30]。它可记录滚石从启动到最后落点的整个路径，是研究滚石运动的关键内容。通过滚石运动轨迹，可确定滚石空间位置，如跳跃高度、侧向偏移及偏转等，即滚石运动轨迹可作为确定防护设施位置和高度的依据。滚石能量包括动能和摩擦、碰撞产生的内能，在防灾对策（如 SNS 主动防护网等）制订中，动能是防护装置强度设计的参考指标。滚石速度是滚石动能的一种表现形式，它可直观反映滚石动能大小，即相同质量的滚石，速度越大，动能越大，对下方工程结构、基础设施、人员安全等的威胁就越大。滚石崩落或停留位置是指滚石落点或最终停下来的位置，决定了滚石在坡脚的停积范围和影响区域大小，通过滚石崩落或停留位置分析，可以使公路、桥梁等工程的规划、建设避开滚石灾害高发区。当前，现场调研、数学计算、现场试验、模型试验、数值模拟等是研究滚石运动特征的主要方法。

1．现场调研

现场调研指根据已发生滚石事件的滚石停留位置、碰撞痕迹及边坡特征来推断滚石的运动轨迹等运动特征。胡厚田[8]通过铁路沿线工程调查，建立与坡高、坡角等相关的滚石速度、崩落距离和运动轨迹的经验公式，指出滚石大小、形状等自身特征和坡面条件是影响滚石运动的主要因素。苏学清[31]依据宝成铁路朝天—观音坝段崩塌滚石调查资料，对滚石运动方式、速度、弹跳距离等进行了探讨。刘慧明[32]对长白山天池地区龙门峰崩塌滚石进行随机统计确定滚石质量范围，分析滚石质量和初始崩落位置对总动能和停留位置的影响。裴向军等[33]调查汶川大地震中的两个典型崩塌滚石灾害，对未扰动现场滚石痕迹进行判识、测量、取样及分析，反演滚石运动坡面恢复系数，研究了基于坡面碰撞的滚石运动特征。蔡红刚等[34]调查滚石与坡面碰撞留下的地质痕迹，复原了滚石运动路径，并根据坡度、坡表覆盖层厚度、植被发育程度等，选择碰撞恢复系数，计算滚石运动参数。程强和苏生瑞[35]调查汶川大地震的599个崩塌灾害点，利用统计分析方法，研究了崩塌滚石运动特征和运动范围。从大量文献中发现，滚石运动的现场调研受限于研究人员的主观作用，一般会与其他方法结合，以增强研究结果的可信度。

2．数学计算

数学计算是采用如质点或刚体等简化模型，将滚石近似为质点或者圆球状，基于牛顿第二定律和碰撞理论等，结合数学、力学、运动学等方法建立特定计算模型或者一套理论的方法。吕庆等[36]将滚石简化为二维圆形块体，忽略滚石之间相互作用，推导了一套估算滚石运动轨迹的计算公式，并讨论了碰撞恢复系数、滚动摩擦系数等对滚石运动的影响。韩俊艳等[37]主要考虑滚石滚动和弹跳两种运动形式，将滚石运动控制因素归结到滚动阻力特性系数、碰撞时瞬间摩擦系数及恢复系数中加以概化，推导出一套计算斜坡滚石运动特征的方程，可应用于滚石运动距离的预测。何思明等[38,39]基于Hertz接触理论、Cattaneo & Mindlin切向接触理论，分别研究了滚石冲击碰撞法向和切向恢复系数计算模型，给出了其计算理论和公式；在此基础上，采用刚体动力学方法，得到了滚石在坡面碰撞回弹中的运动特征计算方法。Ritchie[4]运用牛顿运动学基本原理，推导了计算滚石运动速度和距离的数学公式。Irfan 和 Chen[40]根据滚石与坡面接触关系，将滚石运动过程分为滚滑、斜抛、冲击碰撞三个阶段，应用分段循环算法分别得到各阶段运动轨迹和速度。Zambrano[41]从能量守恒方程出发，计算了大块滚石的摩擦能量损失，并预测了滚石运动轨迹和速度。Warren[42]将滚石运动过程视为连续整体，推导了与边坡坡面各点坐标有关的运动轨迹方程。Azzoni 等[43]建立滚石分析和预测的数学模型，并编制计算程序，研究了滚石速度、能量、弹跳高度、运动距离等运动特征。Bourrier 等[44]利用泰勒级数对滚石轨迹进行统计分析，得到随机弹跳模型。滚石运动具有高度的随机性，且国内外学者在数学计算中都采用了较多的简化条件，使得计算结果偏于保守，可能与滚石实际运动差异较大。

3. 现场试验

现场试验需要采用高速相机等先进设备，提高滚石运动速度、轨迹、碰撞冲击作用等数据测量的准确性，具有较高的可信度以及较强的说服力。叶四桥等[45]选取 112 块岩块开展滚石现场试验，研究滚石形状、质量及运动模式等因素对滚石运动偏移比、距离和速度的影响，揭示滚石水平运动距离和运动速度之间的变化规律，指出运动路径计算应考虑滚石运动过程随机特性的影响。黄润秋等[46]基于正交试验原理，以四川省冕宁县泸沽铁矿为试验场地，研究了滚石质量、滚石形状和坡面状况对滚石运动特征的影响；又以四川省冕宁县境内 108 国道外侧安宁河岸坡为试验场地，分析了滚石启动方式、斜坡覆盖层和植被特征、斜坡坡度、坡面长度、滚石形状和滚石质量等对滚石运动特征的影响，得到了滚石运动影响因素的主次关系，建立了滚石运动加速度和碰撞恢复系数的经验公式[47]。Spang[48]利用现场试验分析了滚石运动特征影响因子的敏感性。Okura 等[49]在人工花岗岩边坡上开展大量滚石试验和数值模拟分析，研究了滚石运动距离和停留的中心距离与滚石体积（数量）的关系。Asteriou 等[50]在希腊 Pendelikon 山古采石场进行滚石恢复系数的现场试验研究，提出滚石轨迹预测模型，验证了室内试验结果。Dorren 等[51]基于现场试验研究滚石运动路径，结合数值模拟结果，提出滚石运动轨迹的预测方法。Spadari 等[52]在不同地质环境天然缓坡上开展现场试验，采用高速相机捕捉滚石运动，并量化其速度和能量，认为块体不同和撞击位置的随机性导致了块体运动参数具有较大变异性。Giacomini 等[53]考虑滚石碰撞破碎影响，开展 20 组滚石试验，阐述了滚石破碎过程中冲击能量耗散的比例相对稳定，它取决于法向恢复系数的选取。同时，Giani 等[54]和 Ma 等[55]利用现场试验得到了滚石碰撞过程中恢复系数等计算参数，可用于理论或数值分析。一般来说，现场试验准备周期长、试验费用昂贵、人工作业繁重，但它能在真实的环境中研究滚石运动，所得结论具有较高的参考价值。

4．模型试验

模型试验能克服边坡现场环境的限制，将所研究边坡和滚石按一定比例缩小，建立试验模型，可控制边坡和滚石某些研究变量的特征，属于模拟分析的一种。亚南等[56]以链子崖东侧猴子岭崩塌滚石为原型，采用 1∶200 的地质力学模型，结合数值模拟，实现了滚石停积和运动范围的研究。朱彬[57]用混凝土构建岩质边坡相似模型坡面，在不同坡角、不同滚石的条件下，研究了滚石位置、速度、弹跳高度、动能变化等运动特征。唐红梅[58]通过危岩崩落激振模型试验，在危岩体内布置加速度传感器并填充静态破碎剂，探索了群发性危岩破坏机理及危岩破坏崩落模式对滚石运动速度的影响。柳宇[59]利用正交试验方法，研究了滚石质量、形状、边坡物质成分等因素对滚动和碰撞恢复系数的影响。黄小福[60]开展滚石振动台模型试验，从滚石运动过程、水平运动距离及横向偏移距离等几个方面对试验结果进行分析。胡聪[61]研制室内物理模拟试验系统，模拟了滚石不同形状、下落高度、启动方式以及不同边坡角度等因素对滚石运动轨迹和能量变化的影响。Li 等[62]研究了在边坡倾角、释放高度、块体形状和冲击角等不同条件下，滚石恢复系数和能量损失率的变化规律。Chau 等[63]采用石膏模型材料制成滚石和边坡，研究了坡角对滚石碰撞恢复系数及转动碰撞能量的影响。Buzzi 等[64]采用混凝土试块，研究了滚石形状、转动能量及冲击角对恢复系数的影响。Manzella 等[65]开展崩塌模型试验，阐述了运动过程中的崩塌碎石主要通过与坡面的摩擦及石块之间的碰撞来实现能量耗散，且崩塌体初始体积决定了运动距离的大小。模型试验成本较低，不受时间、地点限制，可任意选定影响因素重复试验，从多方面考查滚石运动特征，是一种再现和预测滚石运动的有效手段，有助于得到滚石运动的一般规律。

5．数值模拟

数值模拟是在计算机技术逐渐成熟的前提下产生的新方法。用于研究滚石运动的计算软件有 10 余种，较常用的有 STONE、GeoRock 和 Rocfall 等，这些软件在滚石运动和防护研究中取得了良好效果。Palma 等[66]利用 GeoRock 和 STONE 软件模拟 Sorrento Peninsula 小区域滚石轨迹，评估了滚石灾害。Guzzetti 等[67]利用 STONE 软件模拟了三维地形滚石运动，对大面积岩崩灾害进行了定量评估。Binal 和 Ercanoǧlu[68]采用 Rocfall 软件分析了土耳其某地质公园内边坡 8 个剖面的滚石轨迹、运动距离等运动特征。贺咏梅[69]基于 Rocfall 软件对拉西瓦水电站坝址右岸高边坡 26 块危岩体下落的运动过程进行模拟，确定了危岩体运动轨迹、落点位置，分析了滚石落入水库的运动冲击动能和速度等参数。郑智能等[70]根据颗粒流理论，提出滚石二维可视化模拟方法，得到了运动速度、位移等滚石运动学参数。向欣[71]建立滚石运移距离的神经网络预测模型，研究了边坡坡度、边坡高度、坡面覆盖层、滚石质量、滚石形状等对滚石运移距离的影响，并采用 ANSYS/LS-DYNA 分析了滚石碰撞恢复系数。Bozzolo 和 Pamini[72]将滚石简化为刚性椭球体，利用 SASS 软件模拟单块滚石沿边坡的平面运动，得到滚石沿其路径、弹跳高度和运移距离的线速度和角速度分布。Ansari 等[73]采用 UDEC 和 Rocfall 软件分析了世界文化遗产阿旃陀石窟（Ajanta Caves）所在区域滚石风险，计算了不同重量落石的最大弹跳高度、总动能和平动速度。Leine 等[74]基于多体动力学和非光滑接触动力学，发展了考虑块体形状的滚石仿真技术，研究了不同形状滚石的运动轨迹。Chen[75]、Wu 等[76]使用改进的非连续变形分析方法，模拟滚石轨迹等运动特征。Wu 和 Wong 等[77]以数值流形法为工具，对隧道落石灾害进行了研究。Lan 等[78]开发 Rocfall Analyst 方法，模拟了沿加拿大某段铁路边坡的滚石运动行为。数值模拟参数通过统计分析大量现场试验和模型试验结果得到，可施加试验方法不能施加的条件。与其他方法相比，数值模拟所需费用低廉，试验过程简便快捷，方法移植性强，越来越受到科研和工程领域人员的重视。

学者们还将上述方法结合起来研究滚石运动，如章广成等[79]、Dorren 等[51, 80]将现场试验与数值模拟结合。通过大量研究，学者们对滚石运动特征有了一定的认识。综合现场调研、数学计算、现场试验、模型试验、数值模拟等研究手段，全面考虑滚石运动特征影响因素，有助于人们总结滚石运动规律和理解滚石成灾机制，对崩塌滚石防灾减灾有着重要意义。

1.4　滚石灾害评价及防护方法

人类活动或基础设施处于滚石运动范围内并遭受一定损失时，即构成滚石灾害。滚石研究的主要目标是采用合理的防治方法，保护滚石影响区域内人民的生命财产安全，避免安全事故的发生。滚石灾害具有不确定性，对其进行时间和空间预报均较为复杂，这也为滚石灾害评价和防护带来了困难。

在滚石灾害评价方面，张路青等[81]基于工程地质力学综合集成方法论（EGMS），结合现场调查、专家经验和理论分析，得到滚石发生频率的估计方法，并假设滚石区范围内人类活动和潜在滚石在时间和空间上服从均匀分布，利用伯努利公式给出了静止车辆、移动车辆、行人等遭遇滚石的概率计算方法。周建昆和李罡[82]实地调研了云南省水麻高速公路滚石灾害，从概率与损失的相关因素着手，提出了山区高速公路滚石灾害风险评估体系。庄建琦等[83]选择汶川大地震极重灾区都汶公路沿线为研究区域，利用信息量方法分析解译的遥感影像和野外调查结果，结合地理信息系统（GIS）空间分析功能，对地震崩滑灾害的危险性进行了评价。Li 等[84]结合现场调查和地形激光扫描（TLS）技术，定量分析和评价震后 Hongshiyan 边坡滚石的演化和破坏机理，并提出了相应的综合治理措施，以保证崩塌后岩质边坡的长期安全。Bunce 等[85]量化公路边坡滚石风险，根据所记录的滚石事件或碰撞痕迹评估滚石发生频率。Marquínez 等[86]从少量的环境和地质变量中建立岩崩活动的预测模型，基于 GIS 对岩崩活动进行了量化。Corominas 等[87]基于 Solà d'Andorra 边坡滚石灾害，提出了防护措施设置前后防护区残余灾害定量评价方法。García-Rodríguez 等[88]利用 GIS 和逻辑回归模型，对萨尔瓦多境内地震诱发的崩塌滑坡进行了评价。Kayabaşı[89]对滚石下落高度、水平距离和方量之间的关系开展回归分析，将崩塌滚石评价系统应用于 Kızılinler 研究区域的某边坡。Mineo 等[90]基于事件树分析法，提出了岩体测量、轨迹模拟和概率模型，计算了崩塌滚石发生的概率。Ferrari 等[91]着重综述了快速评估滚石灾害的定性方法，指出了这些方法的异同点，确定了各自的主要优势、局限性和应用领域。Mainieri 等[92]针对法国阿尔卑斯山区一处混交林的 278 棵针叶树和阔叶树，应用 Dendrogeomorphology 和 Counting scar 方法评价了崩塌的复发间隔和空间分布。Kanari 等[93]绘制滚石源和停留位置，分析滚石粒径分布，采用时间和空间现场观测综合方法，对岩崩危害程度、潜在块体大小分布和岩崩复发间隔等进行了评价。Abbruzzese 和 Labiouse[94]提出 Cadanav 新方法，从已有的岩崩频率和轨迹模拟结果信息出发，在局部尺度上改进崩塌滚石危险性的定量评价和分区。

在滚石灾害防治方面，Peckover 和 Kerr[95]介绍了交通沿线的各类防治方法。Spang[6]将防治方法分为主动防护和被动防护，其中：主动防护是在滚石物源区采取措施，从源头上阻止滚石失稳，主要起预防作用；而被动防护则允许滚石发生，通过分析其运动轨迹和崩落位置分布，在滚石运动路径和终点上采取合理的防治方法，主要起拦截滚石以避免灾害发生的作用。针对主动防护，陈洪凯等[96]将危岩锚固分为非预应力锚固和预应力锚固两类，基于极限平衡理论并遵循每类危岩的破坏机理，得到了每种锚固技术所需要的最小锚杆数；殷跃平等[97]分析链子崖危岩体稳定性，并进行锚固工程优化设计；郑灵芝和马洪生[98]通过数值模拟，确定了塔子山危岩锚固+嵌补+勾缝的治理方案；吴国庆等[99]采用 SNS 主动柔性防护网对公路边坡进行了防护。针对被动防护，薛康[100]、叶四桥等[101]分别设计了刚性和半刚性拦石墙，起到了拦截和存储滚石的作用；龙湛等[102]

对滚石冲击下不同结构类型棚洞的响应进行了有限元法数值仿真；黄润秋等[103, 104]采用现场试验分别研究了平台对滚石的停积作用和树木对滚石的拦挡效应；Tan 等[105]、赵世春等[106]开展被动防护网试验和数值模拟研究，探讨了 SNS 系统传力机理；Bertolo 等[107]基于滚石全尺寸试验，评估了防护网整体性能；Nicot 等[108]、Gentilini 等[109]、Thoeni 等[110]和 Moon 等[111]采用离散单元法或有限元法设计了滚石防护网；Lambert 等[112, 113]对坡脚拦石墙的防护作用分别进行了试验和模拟；Verma 等[114]分析印度喜马偕尔邦 Solang Valley 附近公路旁的边坡滚石，并进行了防护优化设计；Hu 等[115]开发隧道掘进边坡滚石灾害模型试验系统，研究了滚石对露天隧道结构冲击动力响应；Dorren 等[51, 80]将实际尺度试验与数值模拟相结合，评估了森林对岩崩的防护作用。

　　滚石灾害防治需要考虑多种因素，是一个系统性工程。仅采用一种防治方法，一般难以获得良好的防护效果。若要取得良好的防护效果，需要两种或两种以上的防治方法联合使用，即综合防治方法。例如，谢全敏和刘雄[116]以板岩山危岩体为例，提出主动-被动综合防护措施，主要包括锚固-拦挡联合技术、锚固-支撑联合技术、柔性网络锚固技术；叶四桥等[117]提出危岩综合治理措施，包括锚固支撑、墙撑、压力注浆、封填、清除、灌浆、拦截等主动和被动防治方法，并应用于重庆市万州太白岩危岩治理工程。根据以上防治方法及现有研究，将滚石防治方法分类总结，如图 1.4 所示。总之，滚石灾害防治要考虑现场各种因素，因地制宜、因势利导，防治方法也可以多种多样，但最终采取的方法应该是技术可行、安全可靠、经济合理、环保实用的[3]。

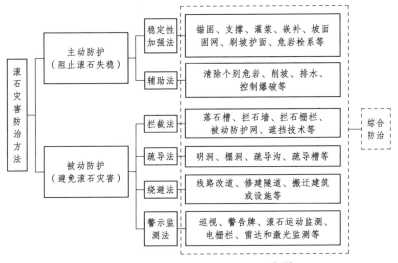

图 1.4　滚石防治方法及其分类[118]

1.5 非连续变形分析（DDA）方法研究简介

1.5.1 DDA 方法简介及优势

在边坡岩体中，结构面之间以某种关系组合在一起，再与岩石组合，形成了一个特定结构，即为岩体结构。岩体结构具有非连续性的基本特点，决定着岩体力学性质和岩体稳定性，即控制着岩体变形和破坏规律。岩体性质及岩体工程区域形状的复杂性，使得岩石力学解析方法在多数情况下束手无策。解析方法适用范围局限于研究区域形状简单、岩体结构规则单一和整体性好等特殊情形[119]。而传统的连续介质力学数值方法，如有限元法（FEM）、有限差分法（FDM）、边界元法（BEM）等，研究对象都是服从应力平衡和位移协调的连续介质力学模型，不能较好地反映岩体非连续这一特性。

为此，旅美学者石根华先生在多年的艰苦努力下，于 1988 年在其博士学位论文中首次提出了一种基于非连续介质力学的数值分析方法——非连续变形分析（Discontinuous Deformation Analysis，DDA）[120]。该方法充分考虑岩体的非连续特征，以自然存在的裂隙、节理、断层等非连续结构面切割岩体产生的任意形状块体为基本单元，通过块体间的接触和几何约束形成块体系统，以各块体单元的位移和应变为未知量，利用总势能最小原理建立块体系统总体平衡方程[121]。施加块体间的接触条件、边界条件及单个块体的荷载、质量等信息，利用罚函数法在块体界面加减刚硬弹簧，实现块体间的无拉伸和无嵌入接触准则，求解总体平衡方程，即可得到块体当前时步的位移场、应力场、应变场及块体间的相互作用力。在 DDA 求解过程中，满足块体系统的开-闭迭代、严格的力系平衡以及动力求解收敛，经过一定时步的迭代，整个块体系统将达到动态或静态平衡。DDA 在问题求解上类似于 FEM；在研究对象上类似于离散元法（DEM），均可用于分析非连续结构，且二者前处理建模和块体接触的描述也类似。

DDA 方法统一考虑静力和动力分析，具有完备的运动学理论及其数值可靠性、全一阶（或高阶）多项式位移模式、严格的平衡假定、正确的能量消耗和高计算效率等特有优点，不仅允许块体本身有位移和变形，而且还允许块体间有滑动、转动、张开、闭合等运动形式。从求解方案、计算效率、接触力学和能量耗散等方面可以进一步阐述 DDA 方法在计算方面的一些优点，例如：

（1）求解方案与计算效率。DDA 为隐式求解方法，该方法的优点之一在于其在任意时步都是无条件稳定的。它可以使用相对较大的时间步长，而不会造成数值失稳，这使得 DDA 所需的时步数相对较少，计算时间较短，计算效率较高[122]。

（2）接触力学。DDA 采用罚函数法，不允许有拉伸或嵌入，使得块体系统接触在理论上较接近于真实物理情况[123]。

（3）能量耗散。在动力学模拟中，DDA 计算一般不需要接触阻尼，而是引入了与时间积分有关的算法阻尼，它是块体系统能量耗散的主要方式[124, 125]之一。若接触块体间存在滑动，那么库仑摩擦也可以耗散能量。也就是说，DDA 可以不采用接触阻尼来实现计算收敛，较具物理意义[126]。

此外，学者们也提出了一些其他非连续方法，如节理单元有限元法、刚块弹簧法（RBSM）、关键块体理论（KBT）、数值流形法（NMM）等。这些方法在模拟岩质边坡失稳破坏或崩塌滚石方面存在一些局限性。例如，节理单元有限元法节理单元数目设置过多，会引起界面接触状态混杂而导致数值计算失败，并且不能求解岩体内实际可能的大变形和大位移问题，较难严格保证不相互嵌入[127]；RBSM 单元间的接触类型只有面-面接触，且单元间仅存的拉应力过于保守，不允许出现刚性块的大位移特别是转动位移，因此，RBSM 在节理岩体大位移的分析中存在一定局限性[119]；KBT 可以查找出岩体工程的不稳定区域，但不能模拟块体运动变形行为[128]；NMM 从其思想理论上看，能统一解决比解析法、FEM 和 DDA 更为普遍的复杂问题，有着广泛的发展前景，但是受很多条件的制约，如三维覆盖网格划分、三维接触判断及算法等，尚未开发具有出较强适用性的三维数值程序。

综上所述，DDA 方法能高效地模拟块体之间的相互接触，充分考虑到非连续面对岩质边坡稳定和块体运动的影响，在模拟岩质边坡非连续大变形、失稳破坏及块体运动方面具有较强的优势。因此，DDA 方法自诞生起，就得到了国内外岩石力学界和工程界的广泛关注，并在理论和实际工程应用上取得了一些成果。

1.5.2　DDA 方法理论研究

DDA 方法被提出 30 余年来，为提高它解决相关岩体力学非连续问题的有效性，国内外学者开展了一系列的研究和改进工作，主要体现在以下几个方面：

1. 接触方法改进

DDA 的研究对象是岩体中被结构面切割而成的块体。接触是块体非连续力学行为分析（如滑动、碰撞）最基本、最核心的内容之一，也是制约非连续介质力学发展的关键。

石根华先生[120]起初采用罚函数法来处理接触边界条件。罚函数法以块体间的相互嵌入量为接触弹簧（法向/切向）变形量，先计算接触弹簧的变形势能，再通过最小势能原理推导块体间的接触子矩阵。此方法通过给出一个嵌入量阈值来控制块体间的嵌入距离，在程序实现上较为简单。Lin 等[129]采用增广拉格朗日方法改进原 DDA 方法中的罚函数法，结合罚函数法和拉格朗日乘子法各自的优点，通过将罚力迭代累加到上一时步拉格朗日乘子而逐步逼近接触力精确解，迭代过程中物理意义更加明确，收敛速度较快。Ning 等[130]、Bao 等[131]也采用增广拉格朗日方法对 DDA 的接触算法进行了改进，并开展了比较验证工作。Zhang 和 Cheng[132]基于增广拉格朗日乘子法的 DDA 方法，提出了可变刚度弹簧方法，提高了 DDA 方法的适用性。Cheng[133]采用节理单元模型来模拟块体间的接触，允许块体间相互嵌入，并产生接触势能，包括法向和切向弹簧势能，该改进方法与 DEM 类似，但算例验证计算过程更为稳定且精度较高。Cai 等[134]在拉格朗日乘子法和区域分解法基础上，提出了 LDDA（Lagrange Discontinuous Deformation Analysis）方法，规避了弹簧刚度取值这一难点，并用于研究块体系统非连续变形动力问题。

同时，针对接触模型搜索算法，石根华先生[120]采用了最先进入线理论，并将二维 DDA 块体接触分为 3 种类型，即角-边（V-E）、边-边（E-E）和角-角（V-V），其中角-边接触为基本接触。边-边接触可分解为两个角-边接触，而角-角接触也可退化为角-边接触。对于角-边接触，接触参考边（进入线）是唯一的，而角-角接触的参考边可能不唯一，这将导致不确定的块体接触和运动状态。Bao 和 Zhao[135, 136]在角-角接触处增减临时弹簧来确定接触块体间的相对运动方向，使 DDA 程序为角-角接触自动选择合理接触参考边。余鹏程等[137]通过改变距离准则下的接触查找方式，提出了二维 DDA 改进的接触查找算法，算例表明这项改进提高了 DDA 接触查找计算效率，并保持了较高的精度。

2．完全一阶位移函数拓展及误差修正

初始 DDA 采用完全一阶位移函数，在建立总体刚度矩阵时，可推导出各个因素贡献表达式的解析形式。为提高 DDA 计算块体单元内部应力场的精度，石根华[120]指出可将完全一阶位移函数推广到高阶位移函数，即任一点（x，y）的位移（u，v）可用二维级数近似式表示

$$\left.\begin{aligned} u = \sum_{j=1}^{m} a_j f_j(x, y) \\ v = \sum_{j=1}^{m} b_j f_j(x, y) \end{aligned}\right\} \qquad (1.1)$$

式中，a_j、b_j 为泰勒级数 $f_j(x,y)$ 的系数。在此基础上，Koo 和 Chern[138]、Huang 和 Liu[139] 将三阶位移函数引入 DDA 中，推导了相应的刚度子阵和荷载子阵，可方便地分析单个块体的变形、应力和应变的非线性分布。同时，邬爱清等[140]基于 Weierstrass 多项式函数的逼近定理，通过 DDA 高阶全多项式位移函数条件下的弹性力学推导，提出了一个逼近弹性力学连续位移函数真解的全多项式位移函数逼近方法；马永政等[141]建立了一种同时利用传统 DDA 线性位移模式与耦合型 DDA 非线性位移模式的混合法；李小凯和郑宏[142]根据混合线性互补模型（LCDDA）对 DDA 方法进行重新描述，避免了引入罚参数及传统意义上的开-闭迭代，算例结果证明了该方法的精度及可行性。

初始 DDA 中一阶位移函数采用小角度假设，即

$$\sin\theta \approx \theta , \quad \cos\theta \approx 1 \tag{1.2}$$

式中，θ 为块体转角，这种假设适用于块体转角较小时。而在转角较大时，块体形状可能随着刚体转动而逐步扩张，最终导致块体自由膨胀、应力和速度场扭曲等问题。Maclaughlin 和 Sitar[143]将 $\sin\theta$ 和 $\cos\theta$ 按泰勒级数展开，在位移函数中引入转角的二次方项 $\theta^2/2$，并证明在每一时步内转角不大于 0.4 弧度时误差很小，但该误差会随时步累积而增大。Cheng 和 Zhang[144]基于三角函数关系以转角的正弦、余弦来代替转角，改进 DDA 一阶位移模式，数值结果验证了该方法的精度。Wu 等[76]提出后期接触调整方法（Post-Contact Adjustment Method），有效消除了块体转动导致的自由膨胀且较好地解决了块体接触问题。在此基础上，Wu[145]通过坐标变换对 DDA 结果进行修改，减小了块体大转动的弹性变形。高亚楠等[146]、Fan 等[147]采用有限变形理论，对 DDA 程序进行修正，消除了转动带来的误差。此外，Jiang 和 Zheng[148]对 DDA 模拟大转动块体膨胀问题也做了类似研究，提高了 DDA 模拟的精度和可信度。

3. 控制参数选取及阻尼模型研究

DDA 针对块体系统计算需要人为设定一些控制参数，因此，部分学者对 DDA 模拟精度持怀疑态度。例如，Cheng[133]认为时间步长和弹簧刚度对计算结果影响很大，且二者取值不好估计。围绕此类问题，学者们开展了一些研究工作。石根华在其 DDA 使用手册[149]中给出选取法向弹簧刚度 k 的经验公式，即 $k=EL$，其中 E 是完整块体材料的杨氏模量，L 是块体平均直径。Hatzor 和 Feintuch[150]比较了 DDA 求解动力问题的数值解和理论解，探究了时间步长和最大位移比率间的相互关系。Doolin 和 Sitar[151]比较了振动台试验结果与 DDA 数值解，研究了时间步长和弹簧刚度对 DDA 结果的作用。刘

军和李仲奎[152]通过实例分析，探讨了步位移（每一时步内所允许的最大位移）、弹簧刚度及时间步长的取值等，认为对计算结果影响最大的是步位移。江巍和郑宏[153]分析了时间步长和接触弹簧刚度对 DDA 计算结果的影响及原因，并提出了两参数取值的上下限原则。邬爱清等[154]采用块体接触简化模型推导了仅考虑法向变形的解析解，并通过分析自由落体、滑块模型的解析解与数值结果，详细研究了时间步长与法向弹簧刚度对计算结果的影响，给出了两参数的合理取值区间。

DDA 能量耗散的方式主要有库仑摩擦、黏性阻尼和算法阻尼（或数值阻尼）。石根华在 DDA 程序中引入动力系数 gg（即块体在某一时步初始速度和上一时步终了速度的比值，实质上是黏性阻尼的显式表达，$gg = 0 \sim 1$）来实现计算中块体系统的能量耗散。gg 取值的经验性和不确定性很大程度上影响了计算结果的精度，甚至可能导致模拟失真[155]。

Lin 和 Xie[156]基于 Newmark 时间积分给出了 DDA 临界动力系数计算公式，认为在此临界动力系数范围内取值时静态问题能快速收敛，且避免出现过度振荡和非真实应力状态；Hatzor 和 Feintuch[150]、Tsesarsky 等[157]定性研究了动力系数对 DDA 计算结果的影响，并指出，为更加准确地模拟块体系统的能量耗散，可在 DDA 中引入合适的阻尼模型。

因此，一些阻尼模型被提出。Koo 和 Chern[158]在运用后期调整方法消除块体自由膨胀时，引入了质量比例阻尼（Mass Proportional Damping）计算块体能量损失；Mortazavi 和 Katsabanis[159]基于能量法提出正比于块体对相对速度的刚体阻尼模型，控制了不必要的块体振动；姜清辉等[160]针对 DDA 块体系统准静态问题求解，提出了正比于块体速度的黏性阻尼和正比于块体不平衡力的自适应阻尼，来吸收块体动能，加速块体系统的能量耗散；刘永茜和杨军[161]提出改进时间步长自动调节的 DDA 方法，提高了惯性力和阻尼力的计算精度；付晓东等[162]定量研究了 DDA 的黏性阻尼和数值阻尼，两阻尼与动力系数和时间步长有关，并给出了两阻尼共同作用时的阻尼比表达式。这些阻尼模型的提出，既解释了 DDA 能量耗散的基本原理和优势，也为 DDA 能量耗散方法提供了新思路。

4．块体内部离散及与其他方法耦合

学者们尝试解决某些特定问题，需要将 DDA 块体单元进行内部离散，以更精确地计算出块体内部的应力场。Ke[163]提出了基于人工节理（Artificial Joint）的 DDA 方法，将块体再划分成子块体，可以精确求得块体内部不同的应力分布，还可以模拟完整块体内部裂缝的扩展和传播。Cheng[133]提出了 DDA 块体内部自动离散化流程,通过对块体角或边的均分和连接来完成内部自动离散。夏才初和许崇帮[164]提出了虚拟节理向真实节理转化的节理强度模型,并通过断续节理剪切试验验证了该算法的正确性。Jiao 等[165]将计算区域自动划分成三角形块体单元,能较好地模拟岩石破碎的全过程。甯尤军等[166]采用虚拟节理进行岩石爆破 DDA 块体的切割,认为虚拟节理在发生拉伸或剪切破坏后转化为真实节理并产生裂隙,实现了爆破过程的模拟。

在上述基础上,为了增强块体变形描述能力并提高 DDA 解决问题的适用性,学者们开展了 DDA 与 FEM 的耦合工作。他们通过对 DDA 中的块体进行有限元离散,采用 FEM 描述块体内部的位移场和应力场,并继承 DDA 中的块体运动学理论,从而增强了块体变形的描述能力,提高了块体内应力场的计算精度。Shyu[167]通过采用 3 节点三角形单元对 DDA 块体进行离散,提出了基于节点的非连续变形分析方法(Nodal based DDA),该方法既有 DDA 独特的块体动力学特性,又兼有 FEM 较为成熟的网格单元划分模式。郑榕明等[168]、刘君等[169]也将 DDA 与 FEM 耦合,分别用于地下洞室开挖和分缝混凝土重力坝的模拟。此外,学者们还根据 NMM 和 DDA 的计算特点,提出了类似的耦合方法,如曾伟和李俊杰[170]基于 NMM-DDA 提出通过分离单元的形式来模拟土体的剪切破坏过程,解决了土体剪切试验数值模拟的难题。

考虑到岩体与地下水的相互作用,Kim 等[171]和 Jing 等[172]基于 DDA 发展了流固耦合算法,并推导了详细的理论公式。郑春梅[173]在 DDA 力学计算原理和裂隙网络渗流分析的基础上,建立了基于 DDA 的裂隙岩体渗流应力耦合分析模型,研究了渗流场与应力场共同作用下裂隙岩体结构的变形破坏特征。

1.5.3　DDA 方法应用研究

DDA 经过几十年的发展,已被广泛应用于岩石力学与工程领域,解决了很多实际问题。

1．边坡工程

DDA 在边坡工程中的应用主要可以归结为边坡稳定、滑坡、崩塌滚石等方面的分析。① 边坡稳定。裴觉民和石根华[174]采用 DDA 方法对岩石滑坡体进行了动态稳定分析,这是 DDA 提出以来在岩石工程领域的较早应用,并指出 DDA 具有较大的推广价值;邬爱清等[175]将 DDA 方法应用于乌江银盘水电工程右坝肩边坡稳定性分析,并采用锚杆加固;Wang 等[176]、Zhang 等[177]分别改进块体剪切模型和边-边接触算法,也将 DDA

应用于边坡稳定分析。② 滑坡。殷坤龙等[178]采用 DDA 对新滩滑坡运动的全过程进行了数值模拟,明确了其时空变化规律;何传永等[179]、Chen 等[180]利用 DDA 模拟倾倒破坏,并与离心机试验比较,验证了 DDA 方法的精度和正确性;Chen 和 Wu[181]模拟了新磨滑坡过程,指出 DDA 结果与地震信号分析结果吻合较好。③ 崩塌滚石。Chen[75]将改进的 DDA 方法应用于日本某滚石边坡实例分析;Ma 等[55]在 DDA 中引入能量损失模型,并应用于滚石模拟;Wu 等[76]克服 DDA 转动误差,计算了日本九州某滚石运动过程;胡聪[61]采用 DDA 研究了高陡边坡危岩体失稳机理及滚石运动规律;黄小福等[182]运用 DDA 对无地震荷载和 3 种不同地震荷载输入方式的 4 种工况进行了模拟,研究了地震荷载对危岩体崩塌块体运动的影响,认为竖向地震动对崩塌块体运动距离的影响程度较水平地震动更大。

2．地下工程

邬爱清等[183]应用 DDA 方法对复杂地质条件下地下厂房围岩的变形与破坏特征开展了研究,重点分析了厂房区域地应力水平,锚固、岩体结构条件及结构面强度参数等对洞室围岩变形的影响。Hatzor 等[184]将 DDA 应用于岩体浅层溶洞 Ayalon cave 的稳定性分析,探讨了以水平节理和垂直节理网络为特征的块状岩体稳定所需的地下开挖跨度与覆盖层高度之间的极限关系;进而又考虑岩体内部各向异性作用,采用 DDA 方法研究了柱状节理玄武岩开挖隧道的松动区范围,并给出了锚杆加固方案[185]。Zhang 等[186]改进 DDA 黏性边界设置及地震波输入方式,应用于我国大岗山水电站地下厂房的地震响应分析。Zuo 等[187]开发采矿非连续变形分析（Mining Discontinuous Deformation Analysis，MDDA）程序,模拟采矿工程中的连续开挖过程,得到了开采过程中岩层运动的实时应力场分布及演变过程。

3．爆破工程

Mortazavi 和 Katsabanis[159]在 DDA 模型中添加动力爆破扩张模型及刚体结构的阻尼运算,开发非连续介质爆破程序 DDA_BLAST,模拟了爆破过程,并从宏观角度探讨了引爆阶段的爆破机制以及节理的影响作用。甯尤军等[166]实现了节理岩体中水平柱状炮孔抛掷爆破模拟,得到了爆腔的体积扩张和压力衰减时间曲线;他们还将改进的 DDA 应用于其他诸多岩体爆破实例中,再现了岩石爆破过程中的硐室膨胀、岩体破坏、块体抛掷和爆堆形成的全过程[188];以此为基础,郭双等[189]建立 DDA 岩石爆破力学模型,分别考虑爆生气体压力和爆炸应力波的爆破荷载作用形式,探究了地应力条件下的岩石爆破破岩特征与机理。徐海等[190]在 DDA 模型中引入自由场边界,并设置边界单元体的法向与切向自由阻尼器来模拟垮塌区边缘采场的爆破开挖，讨论了注浆加固后的垮塌区滑移面附近区域在爆破动荷载作用下的变形特征。

4．裂隙岩体渗流

Kim 等[171]基于 DDA 块体流固耦合算法，模拟 Unju 隧道开挖，指出了渗流压力是隧道岩体稳定的主要控制因素。Jing 等[172]建立裂隙硬岩中流体力学耦合过程的 DDA 数值模型，重点研究了岩石裂隙中耦合应力/变形与流体流动相互作用的物理行为。Kaidi 等[191]采用耦合流体-结构相互作用框架，对防波堤临海边坡在水动力荷载作用下的稳定性进行了数值研究。虞松等[192]利用以 DDA 为基础的裂隙岩体流固耦合计算方法研究了某水封油库开挖和运行过程洞室围岩流量和密封性，为该工程预测水封效果提供了主要依据。佘文翀等[193]构建岩体完整裂隙网络，应用于基于 DDA 的渗流应力耦合模型，并结合算例进行考虑渗流应力耦合的数值计算。

5．其他方面

除了上述应用，DDA 还应用于其他诸多方面，例如砌体结构倒塌、坝基稳定、裂缝扩展、块体动力分析等。Kamai 和 Hatzor[194]基于 DDA 方法，对以色列考古遗址两个砌体结构破坏进行反分析，找到了所观察到的块体位移驱动最可能的峰值地面加速度和频率。Rizzi 等[195]对砌体拱结构倒塌模式进行数值分析，说明了 DDA 模拟砌体结构的有效性。Dong 等[196]采用 DDA 分析我国嘉陵江重力坝坝基深层动力滑动稳定性，给出了弱结构面在地震荷载作用下动力安全系数 $k(t)$ 的时变过程。Pearce 等[197]考虑 DDA 模拟混凝土从连续到不连续整个断裂演化行为的能力，提出了位移控制 DDA 分析和基于特征值分析的渐进破坏监测等相关问题。Hatzor 等[150, 157]在振动台上建立物理模型，研究 DDA 在施加振动荷载条件下的计算精度和块体运动规律。

可以说，目前 DDA 的应用较广，这里介绍的都是一些典型的例子。从上述内容可以看出，对 DDA 的改进和应用大多局限于二维情形，而对三维 DDA（3D DDA）的理论研究和应用尚显不足。

1.5.4 3D DDA 方法研究

自然界中，岩体大多数结构面不垂直于其模型横截面，岩体失稳破坏行为属于三维情形。而二维 DDA（2D DDA）解决的仅仅是平面非连续问题，不能考虑岩体的三维空间效应。就滚石模拟而言，2D DDA 难以定量获取滚石运动的实际信息，例如，块体形状和地形对滚石横向扩散过程的影响、植被和防护结构对失稳岩体运动轨迹的影响、崩塌岩体的运移方量等。因此,迫切需要发展 3D DDA 方法,以适应当前工程计算的需要。

以 DDA 二维理论为基础,石根华[198]在第四次非连续变形分析国际会议上提出了 3D DDA 基本理论,系统推导了弹簧刚度子矩阵、点荷载子矩阵、体荷载子矩阵、初始应力子矩阵、惯性力子矩阵等各项子矩阵形式。之后,石根华[199]又在第七次非连续变形分析国际会议上基于三维有限节理面,提出了三维块体切割算法,该算法可用作 3D DDA 节理块体生成的前处理程序。3D DDA 的研究对象是三维变形块体系统,引入单纯形积分方法,能够处理任意形状多面体(如凸体、凹体或带孔洞的块体)的力学计算问题。与 2D DDA 相比,3D DDA 涉及更多的接触形式。2D DDA 扩展到三维的难点之一在于三维接触问题的处理,这也是制约 3D DDA 发展的关键原因。目前,3D DDA 尚处于基本理论和接触算法研究的基础阶段,有关工程应用研究的报道较少。国内外 3D DDA 研究与应用的基本情况可以总结为如下几个方面。

1．3D DDA 基本理论

王如路等[200]较早地论述了 3D DDA 的基本思想、位移模式、系统总体平衡方程建立及实施过程,但并未给出各项荷载子矩阵与接触子矩阵的详细推导和形式。姜清辉[119]详细阐述了 3D DDA 理论的基本内容,具体推导了弹性子矩阵、惯性力子矩阵、荷载子矩阵和接触子矩阵等各项公式,建立了 3D DDA 正分析模型。张杨等[201]推导了三维高阶 DDA 的相关公式,在计算高阶位移函数积分时采用单纯形积分递推公式以减小计算量,并将三维高阶 DDA 方法用于三维连续结构的静力分析;Beyabanaki 等[202]也研究了高阶(二阶和三阶)位移函数的 3D DDA 方法,允许应力和应变在离散块体内的非线性分布,极大地增强了 DDA 的分析能力。刘君[203]研制了 3D DDA 和有限元的耦合算法,提高了块体内应力场的计算精度,解决了有限元法无法分析的非连续变形问题;Beyabanaki 等[204]将有限元网格引入到 3D DDA 中,采用 DDA 模拟块体界面之间的接触,采用有限元法求解块体内部的位移场及应力分布,增强了块体的变形能力。Wang 等[205, 206]将 SPH(Smoothed Particle Hydrodynamics)模型耦合到 3D DDA 中,提出 DDA-SPH 耦合方法,研究了岩体滑落水中岩块与水的相互作用。Zhao 等[207]通过 DLSM(Distinct Lattice Spring Model)与 3D DDA 耦合,研究了岩块的动态破裂和穿透过程。张洪等[208]为提高传统 3D DDA 求解大规模非连续问题时的效率,提出一种基于中心差分方案的显式 3D DDA 方法,求解过程简单省时且更便于实现高效的并行计算;之后,张洪[209]为改进 DDA 中接触约束的处理,结合开-闭迭代算法和自适应罚值更新方案等，提出并实现了多面体 DDA 增广拉格朗日算法及其优化方案，同样也提高了计算精度且保证了计算效率。Beyabanaki 和 Bagtzoglou[210]、Jiao 等[211]提出了球体 3D DDA 模型，降低了接触判断难度，提高了计算效率；Meng 等[212]去掉 DDA 中使用的人工弹簧，开展了球体 3D DDA 研究，为模拟岩体破坏和滑坡问题提供了新思路。

2．三维接触算法

发展 3D DDA 的关键是解决任意形状块体的接触问题，必须发展一个可以控制许多三维块体相互作用的完善的接触理论，且该理论必须给出判断接触位置、接触时间和接触状态（张开、滑动或锁定）的算法[213]。三维多面体之间的接触可以分为角-角（V-V）、角-边（V-E）、角-面（V-F）、交叉的边-边（E-E）、平行的边-边（E-E）、边-面（E-F）和面-面（F-F）等七种形式，如图 1.5 所示。在石根华的初始 3D DDA 程序中，认为后三种接触可以转换为前四种接触形式或前四种接触的混合形式，所以只考虑前四种接触作为基本接触类型。也有学者认为所有接触最终可以转化成角-面接触，关键在于最先进入面的寻找和确定[214]。学者们在三维接触的研究中，以角-面、边-边接触的研究居多。① 针对角-面接触，姜清辉和丰定祥[214]、Jiang 和 Yeung[215]提出了 3D DDA 的角-面接触模型，重点讨论了三维块体的角-面、边-面以及面-面接触，采用矢量方法和罚函数法给出了详细的理论推导；Wu 等[216]提出了无摩擦角-面接触算法，该方法利用拓扑结构形成多面体的接触准则；Beyabanaki 等[204]开发最近点算法，将 3D DDA 中所有接触简化为角-面接触形式；Beyabanaki 等[217]在所提出的角-面接触模型法向接触处理上使用增广拉格朗日方法，解决了原接触方法块体错误重叠问题。② 针对边-边接触，Yeung 等[218]给出边-边接触检测方法、进入面判定方法和嵌入准则；Wu[219]将边-边接触处理为点-面接触，简化了三维接触计算复杂程度，提高了 3D DDA 的计算效率；Mousakhani 和 Jafari[220]考虑交叉和平行的两类边-边接触，给出相互嵌入准则，根据几何分析和罚函数法，推导了接触法向弹簧、切向弹簧和摩擦力子矩阵；Zhang 等[221]采用边向量和接触面判断准则确定潜在接触块体和界面力学性质，采用路径相关分析方法确定接触点对，扩展了 3D DDA 的边-边接触模型。同时，Liu 等[222]、Keneti 等[223]分别将公共面法和主平面法引入到 3D DDA 中，用来简化和求解三维凸状块体间接触力学相互作用。这些接触模型和方法无疑为解决三维接触问题做出了很大贡献，推动了 3D DDA 的发展，但面对块体系统中块体个数多、形状多样、大小相差巨大等一般接触问题时，还存在一些局限。因此，Shi[213]提出了适用性更强的接触理论，其核心内容是进入块体理论，可以将几何和拓扑计算转化为代数计算，从而解决任意形状的一般块体之间的接触问题。在此基础上，Zhang 等[224]、Zheng 等[225]也对 3D DDA 块体接触开展了一些研究和改进工作。然而，接触理论在 3D DDA 中的实现依然较为困难。

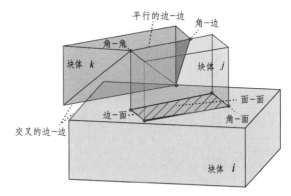

图 1.5　三维接触形式

3．工程应用

吴建宏等[126, 226]将 3D DDA 应用于日本 Amatoribashi-Nishi 边坡倾倒破坏和崩塌过程模拟，其结果与现场监测影像对比，验证了 3D DDA 模拟岩质边坡失稳破坏的有效性。张国新等[227]采用 3D DDA 研究了白鹤滩电站断层 F11—F13 的边坡稳定性，指出 3D DDA 既能分析岩质边坡破坏机制，又能确定临界滑动块体位置、方量、滑动方向以及相应支护方式。郑路等[228]基于 GIS 建模工具，建立某道路沿线岩质边坡 3D DDA 模型，分析了滚石事件运动特征。Wang 等[123]、Zhang 等[229]应用三维地形滑坡算例来体现 3D DDA 的实用价值，并指出 3D DDA 具有优化滑坡防护设计的潜力。Liu 等[230]尝试采用 3D DDA 分析巨石对砖结构的冲击作用，取得了良好的结果，但模型较为理想。李俊杰等[231]通过西藏岩质边坡监测资料，建立 3D DDA 模型，研究了高原岩质边坡失稳特征、破坏过程、块体运动形式转化及失稳破坏范围。综上可以看出，3D DDA 模型所涉及的块体单元个数较少，边坡地形和块体几何特征等较为规则、理想，对于大型实际岩质边坡问题的应用和研究较少。

1.6　本书主要特色

本书基于三维非连续变形分析基本原理及其方法改进，通过室内试验、校园试验和现场试验等手段，开展岩质边坡滚石机理与非连续变形分析研究工作。图 1.6 为本书的总体思路图。本书主要特色如下：

（1）将以进入块体模型为核心的接触理论引入到 3D DDA 方法中；基于有限变形 S-R（应变-转动）分解理论，数值上实现了 3D DDA 大转动模型的改进，解决了三维块体大转动引起的体积膨胀问题；通过节理面各角点接触力之和大小来确定整个节理面的接触状态，改进 3D DDA 临界滑动状态接触判断准则，解决了临界滑动状态块体运动不合理的问题；根据恢复系数概念、动量定理和 DDA 接触力发展方式，得到了块体碰撞恢复系数、冲量和冲击力；发展了适用于大型岩质边坡稳定性分析及崩塌滚石模拟的 3D DDA 方法，并采用滑动、斜抛、自由落体、碰撞弹跳、滚动等滚石基本运动模型，验证了 3D DDA 模拟的有效性。

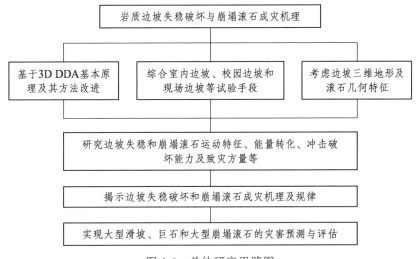

图 1.6　总体研究思路图

（2）考虑边坡变形惯性分量，推导适用于在边坡任意位置的块体失稳动力极限平衡条件公式。结合 3D DDA 方法，分析滑动和倾倒破坏等启动、运动、发展过程，研究了岩质边坡倾倒破坏机理。与 Hoek 和 Bray 的静力 LEM（Limit Equilibrium Methord，极限平衡法）相比，3D DDA 和动力 LEM 结果拓宽了边坡失稳的纯滑动条件，但缩窄了倾倒-滑动条件。静力 LEM 高估了倾倒边坡的稳定能力，3D DDA 模拟结果与地质工程实际观察到的现象相吻合，并指出高陡边坡小型倾倒破坏最终以崩塌滚石形式致灾。

（3）提出基于 3D DDA 方法的滚石树木阻挡和平台防护措施，以坡面树木不同特征和排列方式为约束条件分析其对滚石的阻挡作用，总结出不同坡面特征下平台对滚石防护作用的规律。结果表明，不同实体（滚石、树木和边坡）之间的接触和碰撞是滚石动能耗散和运动轨迹变化的重要原因。在滚石运动过程中，平动动能与总动能在数值大小和演进趋势上接近。尽管转动动能占总动能的比例很小，但因角速度可影响碰撞后滚石运动轨迹的方向，所以在边坡防护中不可忽略。研究结果可为栽植过程中的树木排列设计和平台宽度设计提供依据。

（4）研发块体运动室内试验平台系统和双目立体视觉滚石现场试验系统。结合 3D DDA 模拟，研究了块体、块体柱、单排块体、散粒体等块体系统的失稳条件及三维破坏特征。考查校园边坡和现场试验滚石侧向偏移、停留位置、弹跳高度、动能演进等指标，研究了滚石不同质量、形状、启落高度、启落角度和边坡不同几何特征等各工况下的滚石运动特征。结果表明，校园试验、现场试验和 3D DDA 模拟可定量确定滚石能量、弹跳高度、运移距离和侧向运动范围，总结出滚石运动与动力过程规律。

（5）分析西藏自治区 G318 国道 K4580 典型工程滑坡和崩塌滚石的全过程及现象。从现场调研和监测结果判断，边坡滑坡可能为浅层平面滑坡和深层弧形滑坡。通过 3D DDA 模拟分析，展现了滑坡体内部空洞和地表下陷、张拉裂缝、剪切错动的形成过程。预测了潜在危岩体区域巨石和大体积崩塌体的失稳模式和破坏过程，实现了不同坡面条件下巨石和大体积崩塌滚石运动范围、停积位置和影响区域等灾害预测，为实际工程的防灾对策制订提供依据。

CHAPTER 2

三维非连续变形
分析方法

在 DDA 方法中，各个块体依靠块体间的接触和对单个块体的位移约束形成块体系统，使得大位移和大变形模拟更为重要。相比于 2D DDA，3D DDA 能更准确地模拟实际岩体非连续行为。3D DDA 与 2D DDA 在总体平衡方程的建立、单一块体应力应变及荷载分析、单纯形积分等方面基本相同，最大的差别在于三维接触的判断和处理，这也是 3D DDA 发展缓慢且一直未能在工程领域得到广泛应用的原因之一。3D DDA 用于求解三维变形块体系统，单元可为任意多面体，甚至是带有孔洞的三维块体，最终的位移变量通过反复求解总体平衡方程组直至所有接触均无拉伸和无嵌入时得到。当块体间存在接触时，莫尔-库仑准则应用于接触界面。在 3D DDA 求解中，大位移是每一时步位移增量和变形增量的累加。每一时步内，所有点的位移增量很小，因此可以使用位移的完全一阶近似[120]。

2.1　块体位移和变形

DDA 与有限单元法（FEM）相似，均以位移为未知量，个数是所有块体自由度的总和。假设块体系统由 n 个块体组成，每一块体的通体有常应力和常应变，则块体 i 任一点（x，y，z）的位移（u，v，w）可由 12 个位移变量表示为

$$\boldsymbol{D}_i = [d_{i1} \quad d_{i2} \quad d_{i3} \quad d_{i4} \quad d_{i5} \quad d_{i6} \quad d_{i7} \quad d_{i8} \quad d_{i9} \quad d_{i10} \quad d_{i11} \quad d_{i12}]^\mathrm{T}$$

$$= [u_c \quad v_c \quad w_c \quad r_x \quad r_y \quad r_z \quad \varepsilon_x \quad \varepsilon_y \quad \varepsilon_z \quad \gamma_{yz} \quad \gamma_{zx} \quad \gamma_{xy}]^\mathrm{T} \tag{2.1}$$

式中，（u_c，v_c，w_c）是块体 i 重心（x_c，y_c，z_c）的刚体平移；（r_x，r_y，r_z）是块体 i 绕 x、y 和 z 轴转动的转角（弧度）；（ε_x，ε_y，ε_z）和（γ_{yz}，γ_{zx}，γ_{xy}）分别是块体 i 的三个法向应变和三个切向应变。

块体 i 任一点（x，y，z）的位移（u，v，w）的全一阶近似为

$$[u \quad v \quad w]^\mathrm{T} = \boldsymbol{T}_i(x, y, z) \cdot \boldsymbol{D}_i \tag{2.2}$$

式中，$\boldsymbol{T}_i(x,y,z)$ 是块体 i 的位移转换矩阵，定义为

$$\boldsymbol{T}_i(x, y, z) = \begin{bmatrix} 1 & 0 & 0 & 0 & \tilde{z} & -\tilde{y} & \tilde{x} & 0 & 0 & 0 & \tilde{z}/2 & \tilde{y}/2 \\ 0 & 1 & 0 & -\tilde{z} & 0 & \tilde{x} & 0 & \tilde{y} & 0 & \tilde{z}/2 & 0 & \tilde{x}/2 \\ 0 & 0 & 1 & \tilde{y} & -\tilde{x} & 0 & 0 & 0 & \tilde{z} & \tilde{y}/2 & \tilde{x}/2 & 0 \end{bmatrix} \tag{2.3}$$

其中，$\tilde{x} = x - x_c$；$\tilde{y} = y - y_c$；$\tilde{z} = z - z_c$。

2.2　总体平衡方程

DDA 通过块体之间的接触和位移约束形成块体系统。块体系统总势能 Π 是全部势能源的总和，包括弹性应力势能 $\Pi_{弹性应力}$、初始常应力势能 $\Pi_{初始常应力}$、体积力势能 $\Pi_{体积力}$、点荷载势能 $\Pi_{点荷载}$、惯性力势能 $\Pi_{惯性力}$、块体间的接触力势能 $\Pi_{接触力}$、约束块体位移的固定点荷载势能 $\Pi_{固定点}$ 和摩擦力引起的势能 $\Pi_{摩擦力}$ 等。

假设块体系统中有 n 个块体，则块体系统总势能 Π 可以表示为

$$\Pi = \Pi_{弹性应力} + \Pi_{初始常应力} + \Pi_{体积力} + \Pi_{点荷载} + \Pi_{惯性力} + \Pi_{接触力} + \Pi_{固定点} + \Pi_{摩擦力}$$

$$= \frac{1}{2} \begin{bmatrix} D_1 \\ D_2 \\ \vdots \\ D_n \end{bmatrix}^{\mathrm{T}} \begin{bmatrix} K_{11} & K_{12} & \cdots & K_{1n} \\ K_{21} & K_{22} & \cdots & K_{2n} \\ \vdots & \vdots & & \vdots \\ K_{n1} & K_{n2} & \cdots & K_{nn} \end{bmatrix} \begin{bmatrix} D_1 \\ D_2 \\ \vdots \\ D_n \end{bmatrix} + \begin{bmatrix} D_1 \\ D_2 \\ \vdots \\ D_n \end{bmatrix}^{\mathrm{T}} \begin{bmatrix} F_1 \\ F_2 \\ \vdots \\ F_n \end{bmatrix} + C \qquad (2.4)$$

遵循最小总势能原理，将上述荷载和应力产生的总势能 Π 最小化，得到总体平衡方程，其矩阵形式为

$$\begin{bmatrix} K_{11} & K_{12} & \cdots & K_{1n} \\ K_{21} & K_{22} & \cdots & K_{2n} \\ \vdots & \vdots & & \vdots \\ K_{n1} & K_{n2} & \cdots & K_{nn} \end{bmatrix} \begin{bmatrix} D_1 \\ D_2 \\ \vdots \\ D_n \end{bmatrix} = \begin{bmatrix} F_1 \\ F_2 \\ \vdots \\ F_n \end{bmatrix} \quad 或者 \quad [K][D] = [F] \qquad (2.5)$$

式中，$[K]$ 是 $12n \times 12n$ 的总体刚度矩阵；$[D]$ 和 $[F]$ 分别是 $12n \times 1$ 的总体位移矩阵和荷载矩阵。因为每个块体由 12 个位移变量表示，每个块体有 12 个自由度，所以每个 K_{ij} 和 F_i 分别为 12×12 刚度子矩阵和 12×1 荷载子矩阵。其中，系数矩阵对角项 K_{ii} 取决于块体 i 的材料特性和几何尺寸；非对角项 K_{ij}（$i \neq j$）由块体 i 与 j 之间的接触条件决定，且 $K_{ij} = K_{ji}$。块体 i 与 j 若不接触，则有 $K_{ij} = 0$；若接触，则 $K_{ij} \neq 0$，且与两块体的材料特性和几何形状有关。

式（2.5）的第 i 行含有 12 个线性方程

$$\frac{\partial \Pi}{\partial d_{ir}} = 0, \ r = 1, \ 2, \ \cdots, \ 12 \qquad (2.6)$$

式中，d_{ir} 是块体 i 的位移变量。偏导式

$$\frac{\partial^2 \Pi}{\partial d_{ir} \partial d_{js}}, \ r, \ s = 1, \ 2, \ \cdots, \ 12 \qquad (2.7)$$

是关于变量 d_{ir} 的平衡方程式（2.6）对未知量 d_{js} 求导的系数。因此，式（2.7）所有项形成一个 12×12 子矩阵，即为总体平衡方程的子矩阵 $\boldsymbol{K}_{ij}$；偏导式

$$-\frac{\partial \Pi(0)}{\partial d_{ir}}, \ r = 1, \ 2, \ \cdots, \ 12 \tag{2.8}$$

是方程式移至右端的式（2.6）的自由项。因此，式（2.8）的各项构成 12×1 子矩阵，并将它加至子矩阵 $\boldsymbol{F}_i$ 中去。

2.3 三维单纯形积分

DDA 计算的每一时步，需将力和应力的作用向总体平衡方程式（2.5）相应子矩阵叠加集成，涉及大量的积分计算。DDA 的收敛性和精度主要取决于复杂形状的解析积分。它并不采用常用于 FEM 的数值积分方法，对式（2.9）的积分计算则是使用单纯形积分来求得在任意空间区域 V 下的精确解[226]。单纯形积分是石根华基于坐标转换和多项式定理提出的，是在 n 维一般形状块体上的精确积分，其被积函数可以是任意 n 维多项式，是 DDA 实现复杂单元模拟的积分基础[120]。

$$\iiint_{(V)} x^{m_1} y^{m_2} z^{m_3} \mathrm{d}x \mathrm{d}y \mathrm{d}z \tag{2.9}$$

式中，m_1、m_2、m_3 为正整数。

3D DDA 的计算单元是由非连续面切割岩体形成的任意形状和具有任意多顶点的多面体（如凸块、凹块或带孔洞的块体）。通过将复杂三维块体分解为单纯形有向空间区域，分别进行单纯形积分，再求其有向和，即可算出任意三维块体上对应的积分值。例如，求某一三维块体的体积，首先要选取参考点 P_0，根据计算需要，P_0 可以在块体内部、外部、表面或顶点上，也可以设在坐标原点；然后分别计算 P_0 与块体各表面组成的多面体体积，再有向累计相加就可以得到最终的体积。采用单纯形积分进行计算时，每个面上点的排序应满足"右手法则"，即右手四指按点排列方向旋转，则大拇指均指向体外[232]。图 2.1 所示的块体共有 9 个面，分别求出每个面对应的多面体体积，累加后即可得到该块体的体积。在此基础上，给出一般三维块体上的单纯形积分[232]。假定某一块体共有 s 个指向体外的多边形界面，其第 i 个指向体外的多边形界面 $P^{[i]}$ 是

$$P_1^{[i]} P_2^{[i]} P_3^{[i]} \cdots P_{n(i)}^{[i]}, \ \text{且} \ P_{n(i)+1}^{[i]} = P_1^{[i]}, \ i = 1, \ 2, \ \cdots, \ s \tag{2.10}$$

式中，第 i 个多边形界面上的第 j 个顶点为

$$P_j^{[i]} = (x_j^{[i]},\ y_j^{[i]},\ z_j^{[i]}) \tag{2.11}$$

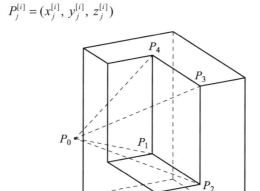

图 2.1　三维块体与对应参考点 P_0

取参考点 $P_0 = (0,\ 0,\ 0)$。将该块体进行单纯形的分割、积分，则块体体积等积分式可以写成式（2.12）～式（2.24）的形式[232]。运用单纯形积分，任意块体的相关积分式仅需知道边界顶点坐标就能求解。

$$\iiint_{(V)} \mathrm{d}x\mathrm{d}y\mathrm{d}z = \sum_{i=1}^{s}\sum_{k=1}^{n(i)} \int_{P_0 P_1^{[i]} P_k^{[i]} P_{k+1}^{[i]}} 1D(x,y,z)$$

$$= \frac{1}{6}\sum_{i=1}^{s}\sum_{k=1}^{n(i)} \begin{vmatrix} x_1^{[i]} & y_1^{[i]} & z_1^{[i]} \\ x_k^{[i]} & y_k^{[i]} & z_k^{[i]} \\ x_{k+1}^{[i]} & y_{k+1}^{[i]} & z_{k+1}^{[i]} \end{vmatrix} \tag{2.12}$$

$$\iiint_{(V)} x\mathrm{d}x\mathrm{d}y\mathrm{d}z = \sum_{i=1}^{s}\sum_{k=1}^{n(i)} \int_{P_0 P_1^{[i]} P_k^{[i]} P_{k+1}^{[i]}} xD(x,y,z) \tag{2.13}$$

$$\iiint_{(V)} x\mathrm{d}x\mathrm{d}y\mathrm{d}z = \frac{1}{24}\sum_{i=1}^{s}\sum_{k=1}^{n(i)} \begin{vmatrix} x_1^{[i]} & y_1^{[i]} & z_1^{[i]} \\ x_k^{[i]} & y_k^{[i]} & z_k^{[i]} \\ x_{k+1}^{[i]} & y_{k+1}^{[i]} & z_{k+1}^{[i]} \end{vmatrix} (x_1 + x_k + x_{k+1}) \tag{2.14}$$

$$\iiint_{(V)} y\mathrm{d}x\mathrm{d}y\mathrm{d}z = \frac{1}{24}\sum_{i=1}^{s}\sum_{k=1}^{n(i)} \begin{vmatrix} x_1^{[i]} & y_1^{[i]} & z_1^{[i]} \\ x_k^{[i]} & y_k^{[i]} & z_k^{[i]} \\ x_{k+1}^{[i]} & y_{k+1}^{[i]} & z_{k+1}^{[i]} \end{vmatrix} (y_1 + y_k + y_{k+1}) \tag{2.15}$$

$$\iiint_{(V)} z\mathrm{d}x\mathrm{d}y\mathrm{d}z = \frac{1}{24}\sum_{i=1}^{s}\sum_{k=1}^{n(i)}\begin{vmatrix} x_1^{[i]} & y_1^{[i]} & z_1^{[i]} \\ x_k^{[i]} & y_k^{[i]} & z_k^{[i]} \\ x_{k+1}^{[i]} & y_{k+1}^{[i]} & z_{k+1}^{[i]} \end{vmatrix}(z_1 + z_k + z_{k+1}) \tag{2.16}$$

$$\iiint_{(V)} x^2\mathrm{d}x\mathrm{d}y\mathrm{d}z = \sum_{i=1}^{s}\sum_{k=1}^{n(i)}\int_{P_0 P_1^{[i]} P_k^{[i]} P_{k+1}^{[i]}} x^2 D(x,y,z) \tag{2.17}$$

$$\iiint_{(V)} x^2\mathrm{d}x\mathrm{d}y\mathrm{d}z$$

$$= \frac{1}{120}\sum_{i=1}^{s}\sum_{k=1}^{n(i)}\begin{vmatrix} x_1^{[i]} & y_1^{[i]} & z_1^{[i]} \\ x_k^{[i]} & y_k^{[i]} & z_k^{[i]} \\ x_{k+1}^{[i]} & y_{k+1}^{[i]} & z_{k+1}^{[i]} \end{vmatrix}\begin{bmatrix} +2x_1x_1 & +x_1x_k & +x_1x_{k+1} \\ +x_kx_1 & +2x_kx_k & +x_kx_{k+1} \\ +x_{k+1}x_1 & +x_{k+1}x_k & 2x_{k+1}x_{k+1} \end{bmatrix} \tag{2.18}$$

$$\iiint_{(V)} y^2\mathrm{d}x\mathrm{d}y\mathrm{d}z$$

$$= \frac{1}{120}\sum_{i=1}^{s}\sum_{k=1}^{n(i)}\begin{vmatrix} x_1^{[i]} & y_1^{[i]} & z_1^{[i]} \\ x_k^{[i]} & y_k^{[i]} & z_k^{[i]} \\ x_{k+1}^{[i]} & y_{k+1}^{[i]} & z_{k+1}^{[i]} \end{vmatrix}\begin{bmatrix} +2y_1y_1 & +y_1y_k & +y_1y_{k+1} \\ +y_ky_1 & +2y_ky_k & +y_ky_{k+1} \\ +y_{k+1}y_1 & +y_{k+1}y_k & 2y_{k+1}y_{k+1} \end{bmatrix} \tag{2.19}$$

$$\iiint_{(V)} z^2\mathrm{d}x\mathrm{d}y\mathrm{d}z$$

$$= \frac{1}{120}\sum_{i=1}^{s}\sum_{k=1}^{n(i)}\begin{vmatrix} x_1^{[i]} & y_1^{[i]} & z_1^{[i]} \\ x_k^{[i]} & y_k^{[i]} & z_k^{[i]} \\ x_{k+1}^{[i]} & y_{k+1}^{[i]} & z_{k+1}^{[i]} \end{vmatrix}\begin{bmatrix} +2z_1z_1 & +z_1z_k & +z_1z_{k+1} \\ +z_kz_1 & +2z_kz_k & +z_kz_{k+1} \\ +z_{k+1}z_1 & +z_{k+1}z_k & 2z_{k+1}z_{k+1} \end{bmatrix} \tag{2.20}$$

$$\iiint_{(V)} xy\mathrm{d}x\mathrm{d}y\mathrm{d}z = \sum_{i=1}^{s}\sum_{k=1}^{n(i)}\int_{P_0 P_1^{[i]} P_k^{[i]} P_{k+1}^{[i]}} xy D(x,y,z) \tag{2.21}$$

$$\iiint_{(V)} xy\mathrm{d}x\mathrm{d}y\mathrm{d}z$$

$$= \frac{1}{120}\sum_{i=1}^{s}\sum_{k=1}^{n(i)}\begin{vmatrix} x_1^{[i]} & y_1^{[i]} & z_1^{[i]} \\ x_k^{[i]} & y_k^{[i]} & z_k^{[i]} \\ x_{k+1}^{[i]} & y_{k+1}^{[i]} & z_{k+1}^{[i]} \end{vmatrix}\begin{bmatrix} +2x_1y_1 & +x_1y_k & +x_1y_{k+1} \\ +x_ky_1 & +2x_ky_k & +x_ky_{k+1} \\ +x_{k+1}y_1 & +x_{k+1}y_k & 2x_{k+1}y_{k+1} \end{bmatrix} \tag{2.22}$$

$$\iiint_{(V)} xz\mathrm{d}x\mathrm{d}y\mathrm{d}z$$

$$= \frac{1}{120}\sum_{i=1}^{s}\sum_{k=1}^{n(i)}\begin{vmatrix} x_1^{[i]} & y_1^{[i]} & z_1^{[i]} \\ x_k^{[i]} & y_k^{[i]} & z_k^{[i]} \\ x_{k+1}^{[i]} & y_{k+1}^{[i]} & z_{k+1}^{[i]} \end{vmatrix}\begin{bmatrix} +2x_1z_1 & +x_1z_k & +x_1z_{k+1} \\ +x_kz_1 & +2x_kz_k & +x_kz_{k+1} \\ +x_{k+1}z_1 & +x_{k+1}z_k & 2x_{k+1}z_{k+1} \end{bmatrix} \tag{2.23}$$

$$\iiint_{(V)} yz\mathrm{d}x\mathrm{d}y\mathrm{d}z$$

$$= \frac{1}{120} \sum_{i=1}^{s} \sum_{k=1}^{n(i)} \begin{vmatrix} x_1^{[i]} & y_1^{[i]} & z_1^{[i]} \\ x_k^{[i]} & y_k^{[i]} & z_k^{[i]} \\ x_{k+1}^{[i]} & y_{k+1}^{[i]} & z_{k+1}^{[i]} \end{vmatrix} \begin{bmatrix} +2y_1z_1 & +y_1z_k & +y_1z_{k+1} \\ +y_kz_1 & +2y_kz_k & +y_kz_{k+1} \\ +y_{k+1}z_1 & +y_{k+1}z_k & 2y_{k+1}z_{k+1} \end{bmatrix} \tag{2.24}$$

2.4　三维接触处理

2.4.1　块体数学表示

采用数学不等式方程来描述块体间的接触是接触分析的精髓所在，而多面体块的正确数学表示是求解接触问题的前提。块体单元可以用它们的边界顶点、边和面来表示，块体之间的接触只发生在它们的边界上。块体和块体的角、边、面等部分均可由点集定义，而点集又可用不等式来表达，即块体及其角、边、面都可用不等式来表达[213, 232]。

1. 三维实体角的表示

无论三维块体的形状有多复杂，它的角都可分为凸角和凹角。如果一个三维实体角 A 是凸角，且其顶点为 $a(x_a, y_a, z_a)$，那么 A 是过点 a 的多个半空间的交集[如图 2.2(a)]，

$$V = a + \angle e_1 e_2 \cdots e_u = \bigcap_{r=1}^{u} \{x : \boldsymbol{x} \cdot \boldsymbol{n}_{1r} \geqslant 0\} = \bigcap_{r=1}^{u} \uparrow n_{1r} \tag{2.25}$$

式中，$a + \angle e_1 e_2 \cdots e_u$ 表示三维实体角；$\boldsymbol{e}_{u+1} = \boldsymbol{e}_1$；$\boldsymbol{x}$ 表示从顶点 a 指向块体内点 x 的向量；$\boldsymbol{n}_{1r}$ 为实体角 A 的第 r 个边界面 $\angle e_r e_{r+1}$ 的内法向量；$\uparrow n_{1r}$ 是向量 $\boldsymbol{n}_{1r}$ 同侧的半空间。

如果三维实体角 A 是凹角，那么 A 是所分割的一系列凸状子角的并集[如图 2.2(b)]，

$$V = \bigcup_i \bigcap_r \uparrow n_{1i(r)}, i(r) \in \{1, 2, \cdots, u\} \tag{2.26}$$

式中，i 是凸状子角个数，r 是构成第 i 个凸状子角边界面的个数。

在图 2.2 中，$u = 3$ 且 $\boldsymbol{e}_4 = \boldsymbol{e}_1$，$\boldsymbol{n}_{11}$、$\boldsymbol{n}_{12}$ 和 $\boldsymbol{n}_{13}$ 分别是边界面 $\angle e_1 e_2$（Ⅰ）、$\angle e_2 e_3$（Ⅱ）和 $\angle e_3 e_1$（Ⅲ）的内法向量。$\uparrow n_{11}$、$\uparrow n_{12}$ 和 $\uparrow n_{13}$ 分别是 $\boldsymbol{n}_{11}$、$\boldsymbol{n}_{12}$ 和 $\boldsymbol{n}_{13}$ 同侧的半空间。对于图 2.2(a)的三维凸角，可表示为 $A = \uparrow n_{11} \bigcap \uparrow n_{12} \bigcap \uparrow n_{13}$；对于图 2.2(b)的三维凹角，可表示为 $A = \uparrow n_{11} \bigcup \uparrow n_{12} \bigcup \uparrow n_{13}$。

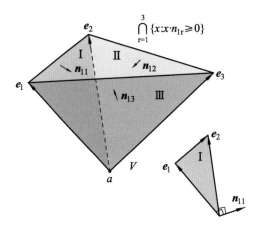

（a）三维凸角

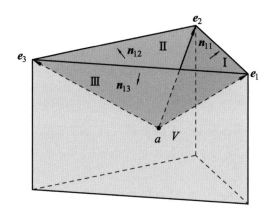

（b）三维凹角

图 2.2　三维实体角

2. 边与面的表示

三维块体由许多边界面围成，且这些面的表示与边有关。图 2.3 所示块体的边界面为多边形，定义如下

$$p_1 p_2 \cdots p_{n-1} p_n \tag{2.27}$$

式中，$p_1 p_2 \cdots p_{n-1} p_n$ 按右手法则旋转，转轴指向块体外侧，且 $p_{n+1} = p_1$。$p_1 p_2 \cdots p_{n-1} p_n$ 的边界是其边的并集，即 $p_1 p_2 \cup p_2 p_3 \cup \cdots \cup p_{n-1} p_n \cup p_n p_1$。根据右手法则，这些边的方向取决于面的方向。在图 2.3（a）和（b）中，n 分别等于 4 和 6。

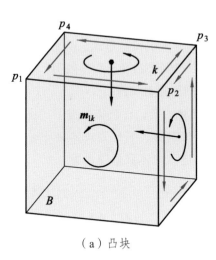
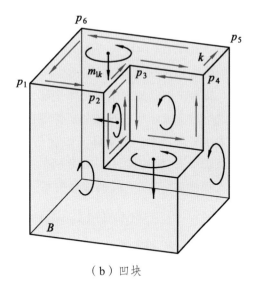

（a）凸块　　　　　　　　　　　（b）凹块

图 2.3　三维块体

3．块体的表示

一个块体 B 的边界面 k 是经过点 a_{1k} 的平面的一部分，并且对应一个通过 a_{1k} 的半空间，定义如下

$$\{(\boldsymbol{x}-\boldsymbol{a}_{1k})\cdot\boldsymbol{m}_{1k}\geqslant 0\}=\uparrow m_{1k}+a_{1k} \tag{2.28}$$

式中，x 是空间中的点集；$\boldsymbol{m}_{1k}$ 是块体 B 边界面 k 的内法向量；$\uparrow m_{1k}$ 是 $\boldsymbol{m}_{1k}$ 同侧的半空间。

若块体 B 是凸体，则 B 是半空间的交集［图 2.3（a）］，

$$B=\bigcap\nolimits_{k=1,2,\cdots,l}(\uparrow m_{1k}+a_{1k}) \tag{2.29}$$

若块体 B 是凹体，则 B 是凸状子块的并集［图 2.3（b）］，

$$B=\bigcup\nolimits_{i}\bigcap\nolimits_{k}(\uparrow m_{1i(k)}+a_{1i(k)})，i(k)\in\{1,2,\cdots,u\} \tag{2.30}$$

式中，i 是凸状子块个数，k 是构成第 i 个凸状子块边界面的个数。

2.4.2　接触代数计算

危岩体失稳破坏过程中，块体之间、块体与坡面之间、块体与防护系统之间的接触、碰撞和约束不断发生并相互转化。因此，较难确定可能的接触类型、位置和时间。如图 2.4（a）所示，由于结构面的切割作用，在边坡顶部形成楔块。楔块在失稳和运动过程

中，接触呈现出图 1.5 所示的七种形式，并不断发生变化，决定了楔块的力学行为和运动特征。3D DDA 的接触分析包括接触检测和接触求解两部分。接触检测，即检测接触发生的位置和时间，其目的是搜索所有潜在的接触块，并确定接触形式，以施加合适的弹簧。接触求解是通过求解总体平衡方程式（2.5），以得到接触变形和接触力。对多面体块进行数学表示后，具体分析各潜在接触块体对之间的接触情况。

为了处理两个一般块体（如 A 与 B）间的复杂接触关系，石根华引进了"进入块体"概念[213]，将块体 A 与 B 之间的接触关系通过点集运算，转化为块体 A 上一个点和进入块体 $E(A, B)$ 间的接触关系。块体 A 与 B 的进入块体概念公式为

$$E(A,B)=\bigcup_{a\in A, b\in B}(b-a+a_0)=B-A+a_0 \qquad (2.31)$$

式中，参考点 a_0 随块体 A 一起移动，通常取块体 A 的重心。如图 2.4（b）所示，给出了两个规则块体之间的进入块体。所有复杂块体均可看作凸状子块的并集，$E(A, B)$ 被证明是一个覆盖系统，每一个覆盖对应于一个可能接触。三维接触的进入覆盖定理为

$$\partial E(A,B)\subset C(0,2)\bigcup C(2,0)\bigcup C(1,1)\subset E(A,B) \qquad (2.32)$$

式中，$C(0, 2)$、$C(2, 0)$、$C(1, 1)$ 分别是块体 A 上的角与块体 B 上的多边形、块体 A 上的多边形与块体 B 上的角、块体 A 上的棱与块体 B 上的棱所有表面接触覆盖的集合。三维进入块体的接触表面与接触多边形息息相关。

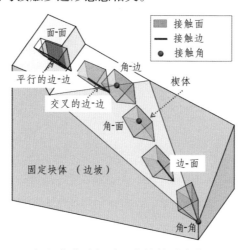

（a）楔体破坏过程中接触形式转换

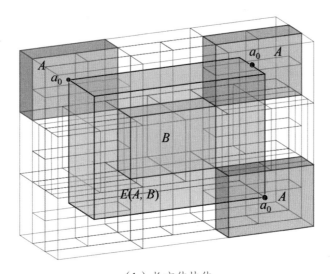

（b）长方体块体

图 2.4 进入块体

DDA 计算分时步进行，且时间步长和步位移足够小，所有接触在计算中都是独立的和局部的。在每一时步之初，计算接触多边形。通过参考点 a_0 与接触多边形的位置关系，找到闭合接触点对。这些接触点对在此时步内控制着块体的平移、转动和变形。所有情况下的进入边界都可以通过相似的计算公式求得。例如，所有三维角对角、凸体对凸体、凹体对凹体的局部接触都可以分为角-面（V-F）、边-边（E-E）局部接触两类（图 2.5 和图 2.6），这两类接触形式拥有相似的计算公式。这种一致性使得接触检测的几何问题容易转化为代数问题。例如：

1．两个三维实体角之间的局部接触

两个三维实体角之间的局部接触（图 2.5）可通过以下定理来识别：

（1）三维角接触的角-面接触定理

$$\exists b \in \text{int}(\measuredangle \boldsymbol{h}_s \boldsymbol{h}_{s+1} + h) , \quad E(e, b) \in \partial E(A, B)$$

$$\Rightarrow \text{int}(\measuredangle \boldsymbol{e}_1 \boldsymbol{e}_2 \cdots \boldsymbol{e}_{u-1} \boldsymbol{e}_u \cap \uparrow n_{2s}) = \varnothing \tag{2.33}$$

（2）三维角接触的边-边接触定理

$$\exists a \in \text{int}(\measuredangle \boldsymbol{e}_r + e) , \quad \exists b \in \text{int}(\measuredangle \boldsymbol{h}_s + h) , \quad E(a, b) \in \partial E(A, B)$$

$$\Rightarrow \text{int}[(\uparrow n_{11} \cap \uparrow n_{12}) \cap (\uparrow n_{21} \cap \uparrow n_{22})] = \varnothing \tag{2.34}$$

式中，e 和 h 分别是块体 $A(\measuredangle e_1 e_2 \cdots e_{u-1} e_u + e)$ 和 $B(\measuredangle h_1 h_2 \cdots h_{v-1} h_u + h)$ 的三维实体角的顶点；a 是块体 A 某一边 $\measuredangle e_r + e$ 上的一点；b 是块体 B 某一边 $\measuredangle h_r + h$ 上的一点或者某一边界角 $\measuredangle h_s h_{s+1} + h$ 上的一点；"int"是所有内点构成的点集；"↑"是对应向量同侧的半空间。

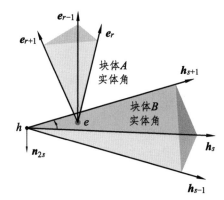

（a）角 - 面接触

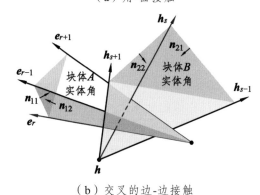

（b）交叉的边 - 边接触

图 2.5　三维实体角之间的局部接触

2．两个三维块体之间的局部接触

两个三维块体之间的局部接触（图 2.6）可通过以下定理来识别：

（1）三维块体接触的角 - 面接触定理

$$\exists b \in \mathrm{int}(b_1 b_2 \cdots b_{q-1} b_q)，\quad E(e, b) \in \partial E(A, B)$$
$$\Rightarrow \mathrm{int}(\measuredangle e_1 e_2 \cdots e_{u-1} e_u \bigcap \uparrow m_{2l}) = \varnothing \tag{2.35}$$

（2）三维块体接触的边 - 边接触定理

$$\exists a \in \mathrm{int}(ee_r)，\quad \exists b \in \mathrm{int}(hh_s)$$

$$E(a,b) \in \partial E(A,B) \Rightarrow \text{int}[(\uparrow n_{11} \bigcap \uparrow n_{12}) \bigcap (\uparrow n_{21} \bigcap \uparrow n_{22})] \neq \varnothing \qquad (2.36)$$

式中，e、b 分别是块体 A 和块体 B 多边形 $b_1b_2\cdots b_{q-1}b_q$ 的顶点；$\angle e_1e_2\cdots e_{u-1}e_u$ 是块体 A 的三维实体角；ee_r 和 hh_s 分别是块体 A 和 B 的边。在图 2.6 中，$q=u=4$。

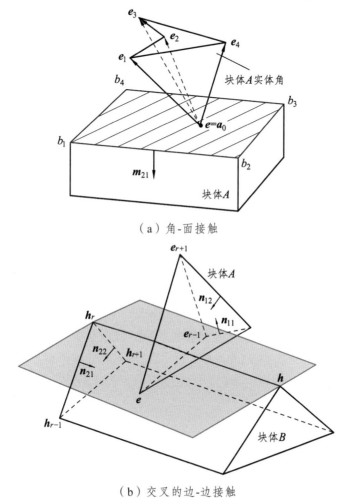

（a）角-面接触

（b）交叉的边-边接触

图 2.6　三维块体之间的局部接触

对于任意形状块体之间的接触，凹形块体之间的非凸接触很难处理。非凸块体可被视为若干凸状块体的并集。在岩质边坡的变形破坏过程中，不可避免地存在一些非凸接触。其中，较为常见的当属三维实体角与凹形实心边之间的接触（图 2.7）。该类接触可通过以下定理识别

$$\mathrm{int}(A\bigcap B)=\varnothing$$

$$\Leftrightarrow \mathrm{int}(A\bigcap B_1)=\varnothing,\ \mathrm{int}(A\bigcap B_2)=\varnothing$$

$$\Leftrightarrow E(A,B)=B+a_0-e \tag{2.37}$$

式中，$B_1=\uparrow n_{21}+g$；$B_2=\uparrow n_{22}+g$；g 是凹实心边 $B(B=B_1\bigcup B_2)$ 上一点。关于凹块之间非凸接触的检测和处理的更多技术细节也可以在 Zhang 等人[224]的相关论著中找到。

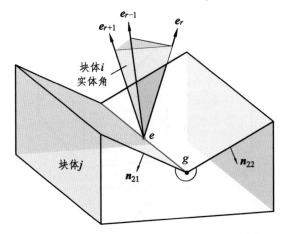

图 2.7　三维实体角与凹实心边之间的接触

上述定理及公式已经在代数和几何上得到验证。可以说 $E(A,B)$ 模型是接触检测的核心，其优点主要概括为：① 简化接触检测过程；② 简化第一进入面的定义和判断过程；③ 简化最短进入路径的判断和求解；④ 几何和拓扑计算由相关代数运算完成，有利于程序的实现。

2.4.3　接触力学计算

在每一时步内，通过进入块体和接触覆盖系统，解决了接触的搜索问题，可以确定施加接触弹簧的位置和时刻。在所有接触上需要反复加设或移除接触弹簧以满足无拉伸和无嵌入，并且确保计算收敛，即开-闭迭代准则。相应的接触子矩阵计算已经在很多研究成果[198]中给出，这里不再赘述。3D DDA 假设块体为弹性变形体，且当块体相互接触时，块体边界服从最大抗拉强度准则，抗剪强度服从莫尔-库仑准则，设内摩擦角为 φ，黏聚力为 c，对应的接触面积为 A，最大张拉强度为 σ_t，且以拉为正。图 2.8 为两个块体发生位移和变形前后进入面和三维实体角的相对位置。记法向和切向嵌入距离分别为 d_n 和 d_s，法向和切向的接触弹簧刚度分别为 k_n 和 k_s。3D DDA 接触有三种力学状态：张开、滑动、锁定。在角 P_0 和进入面的接触位置，接触力的法向和切向分量分别记为 $F_n = k_n d_n$ 和 $F_s = k_s d_s$。接触三种力学状态对总体平衡方程式（2.5）的作用，总结于表 2.1 中。如果所有接触满足无拉伸和无嵌入条件，则接触力 $F_n = k_n d_n$ 和 $F_s = k_s d_s$ 将成为接触点的真实接触力。

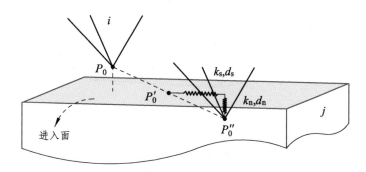

图 2.8　三维实体角与进入面的相对位置

表 2.1　三维 DDA 接触状态及力学作用

状　态	作　用
张开 如图 2.9（a）	如果 $F_n \leqslant 0$，则 F_n 为拉，不施加接触弹簧和摩擦力，无接触弹簧和摩擦力子阵对总体平衡方程式（2.5）的作用
滑动 如图 2.9（b）	如果 $F_n > 0$ 且 $F_s > F_n \tan\varphi + cA$，则 F_n 为压，由于剪切驱动力大于莫尔-库仑抗剪强度而处于滑动状态，施加一个法向接触弹簧和一对摩擦力 $F_n \tan\varphi$，等效为法向接触弹簧和摩擦力子阵对总体平衡方程式（2.5）的作用
锁定 如图 2.9（c）	如果 $F_n > 0$ 且 $F_s \leqslant F_n \tan\varphi + cA$，则 F_n 为压，施加一个法向弹簧和一个切向弹簧，等效为法向和切向接触弹簧子阵对总体平衡方程式（2.5）的作用

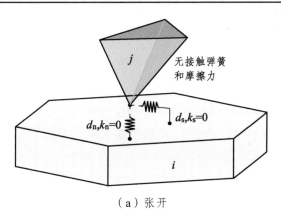

（a）张开

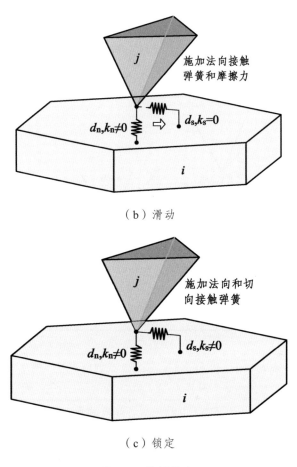

（b）滑动

（c）锁定

图 2.9　接触状态

2.5　3D DDA 数值实现

$E(A,B)$ 模型将复杂的几何和拓扑计算转换成代数运算，使得三维块体系统的接触分析在程序编写上容易实现，解决了制约 3D DDA 发展的最大困难之一。因此，基于 3D DDA 基本理论和以 $E(A,B)$ 为核心的接触理论，发展了适用于分析岩质边坡稳定性及崩塌滚石运动的 3D DDA。该程序基本思路类似于石根华先生开发的初始 2D DDA 程序和 3D DDA 程序，而区别在于上述接触理论的引入。其中，初始 3D DDA 是指根据 3D DDA 公式[198]编写但未引入接触理论且未作有关改进的程序。接触计算的总体流程图如图 2.10（a）所示。在每一时步内，一个块体只与它周围的相邻块体接触，而与其他块体无关。因此，有必要对块体进行潜在接触块的粗搜索，这可以减少不必要的接触分析和存储。假设块体 i 周围有 n 个相邻块体，则接触分析流程图如图 2.10（b）所示。对于含有大量块体的系统，接触判断和计算的工作量较大，所以接触算法还需进一步改进，在未来的 3D DDA 仿真中，对高性能计算有一定的需求[233]。

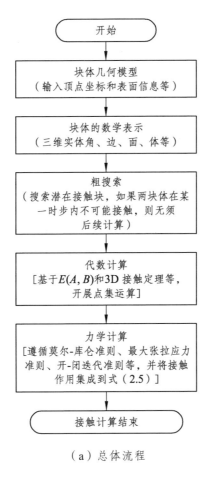

（a）总体流程

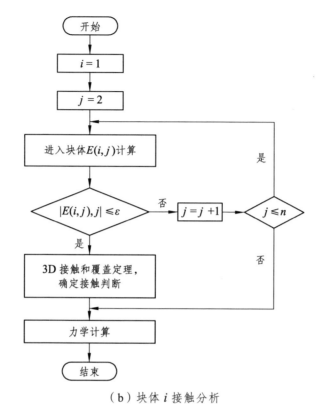

（b）块体 *i* 接触分析

图 2.10　接触计算流程

CHAPTER 3

三维接触模型

3.1 块体大转动模型

边坡滚石等块体运动模拟时，不可避免地涉及到块体单元转动问题。正如 1.5.2 节所述，初始 DDA 计算大转动时，块体体积会出现不合理的膨胀，学者们将这一错误现象归因于 DDA 一阶位移近似的小角度假设，并作了相关改进。但这些改进基本上停留在二维情形，且仍以小变形理论为基础，通过逐步累加来实现大变形和大位移的模拟，受时间步长制约较大。时间步长应保证将上一时步结束时的动力学参数传递到下一时步的开始。如果 DDA 时间步长足够小，式（2.2）中转动矩阵得到的结果是足够准确的。然而，时间步长超过某一范围，一些转动的信息就可能被遗漏。为了在三维空间中得到任意时间步长的转动信息，刘国阳和李俊杰[234]建议在 DDA 中可尝试引入四元数的数学概念，使时间积分对于较大的时间步长更可靠，其中转动矩阵的定义如式（3.1）。值得提出的是，高亚楠等[146]、Fan 等[147]将有限变形理论引入 DDA 方法，结果表明有限变形分析理论可从根本上解决初始 DDA 的转动误差问题；随后，高亚楠[235]基于有限变形分析推导了三维块体位移模式，但未进行 3D DDA 数值实现，而是最终退化为二维形式，没有通过三维算例的方法检验；Fan 等[236]根据动态增量变分方程，又将有限变形分析理论引入到 3D DDA，但未在块体碰撞接触和三维边坡问题等方面得到验证和应用。因为块体不合理膨胀可能直接影响块体接触和碰撞条件，所以考虑块体间的相互作用并验证三维有限变形理论改进块体转动不合理膨胀的有效性是必要的。因此，本节基于高亚楠[235]提供的公式推导思想，将三维块体运动变形分解为应变（Strain）和转动（Rotation）两部分，即 S-R 分解。将这一方法引入到 3D DDA 位移函数中以改进 3D DDA 转动模型，并在数值上得以实现。采用滚石运动数值模型验证方法改进的有效性，并应用于后续大型岩体工程计算。

$$\boldsymbol{R} = 2 \begin{bmatrix} q_0^2 + q_1^2 - 1/2 & q_1 q_2 - q_3 q_0 & q_1 q_3 + q_2 q_0 \\ q_2 q_1 + q_3 q_0 & q_0^2 + q_2^2 - 1/2 & q_2 q_3 - q_1 q_0 \\ q_3 q_1 - q_2 q_0 & q_3 q_2 + q_1 q_0 & q_0^2 + q_3^2 - 1/2 \end{bmatrix} \tag{3.1}$$

式中，q_0、q_1、q_2 和 q_3 是四个欧拉参数。

3.1.1 S-R 分解理论

欧拉空间 E^3 中物体运动 S-R 分解[235-237]选用 2 个坐标系，即全局固定参考系 $\{X^i\}$

$(i=1,2,3)$ 和嵌含在物体内的拖带坐标系 $\{x^i\}$ $(i=1,2,3)$。假设 $\boldsymbol{r}$ 和 $\boldsymbol{R}$ 分别为变形前后的位置矢量，$\boldsymbol{u}$ 为位移矢量，则三个矢量满足如下关系

$$\boldsymbol{R}=\boldsymbol{r}+\boldsymbol{u} \tag{3.2}$$

变形前后拖带坐标系的基矢量分别定义如下

$$\begin{cases} \overset{0}{\boldsymbol{g}}_i=\dfrac{\partial \boldsymbol{r}}{\partial x^i}, \ i=1,\ 2,\ 3 \\[2mm] \boldsymbol{g}_i=\dfrac{\partial \boldsymbol{R}}{\partial x^i}, \ i=1,\ 2,\ 3 \end{cases} \tag{3.3}$$

在曲线坐标系中，任意位移矢量均可分解为 $\boldsymbol{u}=u^i \overset{0}{\boldsymbol{g}}_i$。由式（3.2）和式（3.3）得

$$\boldsymbol{g}_i=\frac{\partial \boldsymbol{R}}{\partial x^i}=\frac{\partial \boldsymbol{r}}{\partial x^i}+\frac{\partial \boldsymbol{u}}{\partial x^i}=\overset{0}{\boldsymbol{g}}_i+\frac{\partial}{\partial x^i}\left(u^i\overset{0}{\boldsymbol{g}}_i\right)=\left(1+u^i\big|_i\right)\overset{0}{\boldsymbol{g}}_i \tag{3.4}$$

进而，得到变形前后基矢量的转换关系

$$\boldsymbol{g}_i=F_i^{\,j}\overset{0}{\boldsymbol{g}}_i \tag{3.5}$$

$$F_i^{\,j}=\delta_i^{\,j}+u^j\big|_i \tag{3.6}$$

式中，$F_i^{\,j}$ 为一个线性微分变换函数；$\delta_i^{\,j}$ 为克罗内克尔符号；$u^j\big|_i$ 为 $\boldsymbol{u}$ 对 x^i 的协变导数分量，可表示为

$$u^j\big|_i=\frac{\partial u_j}{\partial x^i}+\overset{0}{\Gamma}{}_{ik}^{\,j}u^k \tag{3.7}$$

$$\overset{0}{\Gamma}{}_{ik}^{\,j}=\frac{1}{2}\overset{0}{g}{}^{jl}\left(\frac{\partial \overset{0}{g}_{li}}{\partial x^k}+\frac{\partial \overset{0}{g}_{lk}}{\partial x^i}-\frac{\partial \overset{0}{g}_{ik}}{\partial x^l}\right) \tag{3.8}$$

其中，$\overset{0}{\Gamma}{}_{ik}^{\,j}$ 为第二类克氏（Christoffel）符号。

根据 S-R 分解定理，有

$$\boldsymbol{F}=\boldsymbol{S}+\boldsymbol{R} \tag{3.9}$$

式中，$\boldsymbol{S}$ 为对称子变换，表示应变张量，且是正定的；$\boldsymbol{R}$ 是正交子变换，表示转动张量。陈至达[237]证明了 S-R 分解具有存在性和唯一性，即任何一个可逆的线性微分变换函数 $\boldsymbol{F}$ 都存在一个唯一的直和分解。应变张量和转动张量分别为

$$\begin{cases} S_j^{\,i}=\dfrac{1}{2}\left(u^i\big|_j+u^i\big|_j^T\right)-L_k^i L_j^k(1-\cos\theta) \\[3mm] R_j^{\,i}=\delta_j^{\,i}+L_j^i\sin\theta+L_k^i L_j^k(1-\cos\theta) \end{cases} \tag{3.10}$$

式中，L_j^i 为转轴单位矢量，可表示为

$$L_j^i = \frac{1}{2\sin\theta}\left(u^i\big|_j + u^i\big|_j^T\right) \qquad (3.11)$$

其中，θ 为平均整旋角，且由式（3.12）确定，

$$\theta = \pm\arcsin\left\{\frac{1}{2}\left[\left(u^1\big|_2 - u^1\big|_2^T\right)^2 + \left(u^2\big|_3 - u^2\big|_3^T\right)^2 + \left(u^1\big|_3 - u^1\big|_3^T\right)^2\right]^{\frac{1}{2}}\right\} \qquad (3.12)$$

　　上述转动张量和应变张量是在拖带坐标系中推导的，位形转换涉及度规转换，且基矢量的量纲可能不同。只有将张量转化为物理分量才具有真实意义，这需要将张量乘以变换因子[237]。对于位移矢量 $\boldsymbol{u}$，其坐标系变换下的不变量为

$$d\boldsymbol{u} = \frac{\partial\boldsymbol{u}}{\partial x^i}dx^i = u^i\big|_j \overset{0}{\boldsymbol{g}}_j dx^i = u^i\big|_j\left(\sqrt{\overset{0}{\boldsymbol{g}}_{ij}}\,\overset{0}{\boldsymbol{e}}_j\right)\frac{d\overline{s}^i}{\sqrt{g_{ij}}}$$

$$= \left(u^i\big|_j \frac{\sqrt{\overset{0}{\boldsymbol{g}}_{ij}}}{\sqrt{g_{ij}}}\right)\overset{0}{\boldsymbol{e}}_j d\overline{s}^i = \left(\hat{u}^i\big|_j\right)\overset{0}{\boldsymbol{e}}_j d\overline{s}^i \qquad (3.13)$$

式中，$\overset{0}{g}_{ij}$、g_{ij} 为度规张量，例如 $g_{ij} = \boldsymbol{g}_i\boldsymbol{g}_j$；$\overset{0}{\boldsymbol{e}}_j$ 为单位矢量；$d\overline{s}^i$ 为变形后的微元弧长，物理量纲为 L。$\hat{u}^i\big|_j$ 具有普遍物理量纲，被称为 $u^i\big|_j$ 的物理分量，即

$$\hat{u}^i\big|_j = u^i\big|_j \frac{\sqrt{\overset{0}{g}_{ij}}}{\sqrt{g_{ij}}} \qquad (3.14)$$

因此，可以得到应变张量和转动张量的物理分量形式，例如应变分量、转轴方位数和转角采用物理分量写成

$$\hat{S}_j^i = \frac{1}{2}\left(\hat{u}^i\big|_j + \hat{u}^i\big|_j^T\right) - \hat{L}_k^i\hat{L}_j^k(1-\cos\theta) \qquad (3.15)$$

$$\hat{L}_j^i = \frac{1}{2\sin\theta}\left(\hat{u}^i\big|_j + \hat{u}^i\big|_j^T\right) \qquad (3.16)$$

$$\hat{\theta} = \pm\arcsin\left\{\frac{1}{2}\left[\left(\hat{u}^1\big|_2 - \hat{u}^1\big|_2^T\right)^2 + \left(\hat{u}^2\big|_3 - \hat{u}^2\big|_3^T\right)^2 + \left(\hat{u}^1\big|_3 - \hat{u}^1\big|_3^T\right)^2\right]^{\frac{1}{2}}\right\} \qquad (3.17)$$

3.1.2　转动模型改进

假设 3D DDA 块体变形后的位置矢量为 $\boldsymbol{R}$，则 $\boldsymbol{R}$ 即可由式（3.2）表示，且坐标系和基矢量等与上一节规定相同。这里，采用变形前（时步之初）的基矢量，则一阶位移函数可表示为

$$\boldsymbol{R} = [a_0 + (1+a_1)x^1 + a_2 x^2 + a_3 x^3]\overset{0}{\boldsymbol{g}}_1 +$$
$$[b_0 + b_1 x^1 + (1+b_2)x^2 + b_3 x^3]\overset{0}{\boldsymbol{g}}_2 + [c_0 + c_1 x^1 + c_2 x^2 + (1+c_3)x^3]\overset{0}{\boldsymbol{g}}_3 \qquad (3.18)$$

由式（3.3），变形后相应的基矢量表示为

$$\begin{cases} \boldsymbol{g}_1 = \dfrac{\partial \boldsymbol{R}}{\partial x^1} = (1+a_1)\overset{0}{\boldsymbol{g}}_1 + b_1 \overset{0}{\boldsymbol{g}}_2 + c_1 \overset{0}{\boldsymbol{g}}_3 \\[2mm] \boldsymbol{g}_2 = \dfrac{\partial \boldsymbol{R}}{\partial x^2} = a_2 \overset{0}{\boldsymbol{g}}_1 + (1+b_2)\overset{0}{\boldsymbol{g}}_2 + c_2 \overset{0}{\boldsymbol{g}}_3 \\[2mm] \boldsymbol{g}_3 = \dfrac{\partial \boldsymbol{R}}{\partial x^3} = a_3 \overset{0}{\boldsymbol{g}}_1 + b_3 \overset{0}{\boldsymbol{g}}_2 + (1+c_3)\overset{0}{\boldsymbol{g}}_3 \end{cases} \qquad (3.19)$$

由式（3.15）和式（3.16），得

$$\begin{cases} \hat{u}^1\big|_1 = \varepsilon_1^1 - \dfrac{1-\cos\theta}{4\sin^2\theta}\left[\left(\hat{u}^1\big|_2 - \hat{u}^2\big|_1\right)^2 + \left(\hat{u}^3\big|_1 - \hat{u}^1\big|_3\right)^2\right] \\[3mm] \hat{u}^2\big|_2 = \varepsilon_2^2 - \dfrac{1-\cos\theta}{4\sin^2\theta}\left[\left(\hat{u}^2\big|_3 - \hat{u}^3\big|_2\right)^2 + \left(\hat{u}^2\big|_1 - \hat{u}^1\big|_2\right)^2\right] \\[3mm] \hat{u}^3\big|_3 = \varepsilon_3^3 - \dfrac{1-\cos\theta}{4\sin^2\theta}\left[\left(\hat{u}^2\big|_3 - \hat{u}^3\big|_2\right)^2 + \left(\hat{u}^3\big|_1 - \hat{u}^1\big|_3\right)^2\right] \\[3mm] \hat{u}^2\big|_1 = \varepsilon_2^1 + \dfrac{1-\cos\theta}{4\sin^2\theta}\left[\left(\hat{u}^1\big|_3 - \hat{u}^3\big|_1\right)\left(\hat{u}^3\big|_2 - \hat{u}^2\big|_3\right)\right] + r_z \\[3mm] \hat{u}^1\big|_2 = \varepsilon_2^1 + \dfrac{1-\cos\theta}{4\sin^2\theta}\left[\left(\hat{u}^1\big|_3 - \hat{u}^3\big|_1\right)\left(\hat{u}^3\big|_2 - \hat{u}^2\big|_3\right)\right] - r_z \\[3mm] \hat{u}^3\big|_2 = \varepsilon_3^2 + \dfrac{1-\cos\theta}{4\sin^2\theta}\left[\left(\hat{u}^2\big|_1 - \hat{u}^1\big|_2\right)\left(\hat{u}^1\big|_3 - \hat{u}^3\big|_1\right)\right] + r_x \\[3mm] \hat{u}^2\big|_3 = \varepsilon_3^2 + \dfrac{1-\cos\theta}{4\sin^2\theta}\left[\left(\hat{u}^2\big|_1 - \hat{u}^1\big|_2\right)\left(\hat{u}^1\big|_3 - \hat{u}^3\big|_1\right)\right] - r_x \\[3mm] \hat{u}^1\big|_3 = \varepsilon_1^3 + \dfrac{1-\cos\theta}{4\sin^2\theta}\left[\left(\hat{u}^1\big|_2 - \hat{u}^2\big|_1\right)\left(\hat{u}^2\big|_3 - \hat{u}^3\big|_2\right)\right] + r_y \\[3mm] \hat{u}^3\big|_1 = \varepsilon_1^3 + \dfrac{1-\cos\theta}{4\sin^2\theta}\left[\left(\hat{u}^1\big|_2 - \hat{u}^2\big|_1\right)\left(\hat{u}^2\big|_3 - \hat{u}^3\big|_2\right)\right] - r_y \end{cases} \qquad (3.20)$$

式中，$\left(\hat{u}^i\big|_j - \hat{u}^j\big|_i\right)$ 近似等于 $\left(u^i\big|_j - u^j\big|_i\right)$，即 $\left(\hat{u}^2\big|_1 - \hat{u}^1\big|_2\right) = 2r_z$，$\left(\hat{u}^1\big|_3 - \hat{u}^3\big|_1\right) = 2r_y$，

$\left(\hat{u}^3\big|_2 - \hat{u}^2\big|_3\right) = 2r_x$。又因为 $\varepsilon_1^1 = \varepsilon_x$、 $\varepsilon_2^2 = \varepsilon_y$、 $\varepsilon_3^3 = \varepsilon_z$、 $\varepsilon_2^1 = \dfrac{\gamma_{xy}}{2}$、 $\varepsilon_3^2 = \dfrac{\gamma_{yz}}{2}$、 $\varepsilon_1^3 = \dfrac{\gamma_{zx}}{2}$，所以式（3.20）进一步写成

$$
\begin{cases}
\hat{u}^1\big|_1 = \varepsilon_x - \dfrac{1-\cos\theta}{\sin^2\theta}(r_z^2 + r_y^2) \\[2mm]
\hat{u}^2\big|_2 = \varepsilon_y - \dfrac{1-\cos\theta}{\sin^2\theta}(r_x^2 + r_z^2) \\[2mm]
\hat{u}^3\big|_3 = \varepsilon_z - \dfrac{1-\cos\theta}{\sin^2\theta}(r_x^2 + r_y^2) \\[2mm]
\hat{u}^2\big|_1 = \dfrac{\gamma_{xy}}{2} + \dfrac{1-\cos\theta}{\sin^2\theta}(r_x r_y) + r_z \\[2mm]
\hat{u}^1\big|_2 = \dfrac{\gamma_{xy}}{2} + \dfrac{1-\cos\theta}{\sin^2\theta}(r_x r_y) - r_z \\[2mm]
\hat{u}^3\big|_2 = \dfrac{\gamma_{yz}}{2} + \dfrac{1-\cos\theta}{\sin^2\theta}(r_y r_z) + r_x \\[2mm]
\hat{u}^2\big|_3 = \dfrac{\gamma_{yz}}{2} + \dfrac{1-\cos\theta}{\sin^2\theta}(r_y r_z) - r_x \\[2mm]
\hat{u}^1\big|_3 = \dfrac{\gamma_{zx}}{2} + \dfrac{1-\cos\theta}{\sin^2\theta}(r_x r_z) + r_y \\[2mm]
\hat{u}^3\big|_1 = \dfrac{\gamma_{zx}}{2} + \dfrac{1-\cos\theta}{\sin^2\theta}(r_x r_z) - r_y
\end{cases}
\tag{3.21}
$$

由式（3.14），得

$$
\begin{cases}
\hat{u}^1\big|_1 = \dfrac{a_1}{\sqrt{(1+a_1)^2 + b_1^2 + c_1^2}} \\[3mm]
\hat{u}^2\big|_2 = \dfrac{b_2}{\sqrt{a_2^2 + (1+b_2)^2 + c_2^2}} \\[3mm]
\hat{u}^3\big|_3 = \dfrac{c_3}{\sqrt{a_3^2 + b_3^2 + (1+c_3)^2}} \\[3mm]
\hat{u}^2\big|_1 = \dfrac{b_1}{\sqrt{(1+a_1)^2 + b_1^2 + c_1^2}} \\[3mm]
\hat{u}^1\big|_2 = \dfrac{a_2}{\sqrt{a_2^2 + (1+b_2)^2 + c_2^2}} \\[3mm]
\hat{u}^3\big|_2 = \dfrac{c_2}{\sqrt{a_2^2 + (1+b_2)^2 + c_2^2}} \\[3mm]
\hat{u}^2\big|_3 = \dfrac{b_3}{\sqrt{a_3^2 + b_3^2 + (1+c_3)^2}} \\[3mm]
\hat{u}^1\big|_3 = \dfrac{a_3}{\sqrt{a_3^2 + b_3^2 + (1+c_3)^2}} \\[3mm]
\hat{u}^3\big|_1 = \dfrac{c_1}{\sqrt{(1+a_1)^2 + b_1^2 + c_1^2}}
\end{cases}
\tag{3.22}
$$

由式（3.21）和式（3.22），得

$$
\begin{cases}
a_1 = \dfrac{\hat{u}^1\big|_1^2 + \hat{u}^1\big|_1 \sqrt{1 - \hat{u}^2\big|_1^2 - \hat{u}^3\big|_1^2}}{1 - \hat{u}^1\big|_1^2 - \hat{u}^2\big|_1^2 - \hat{u}^3\big|_1^2} \\[3mm]
b_1 = \dfrac{\hat{u}^1\big|_1 \hat{u}^2\big|_1 + \hat{u}^2\big|_1 \sqrt{1 - \hat{u}^2\big|_1^2 - \hat{u}^3\big|_1^2}}{1 - \hat{u}^1\big|_1^2 - \hat{u}^2\big|_1^2 - \hat{u}^3\big|_1^2} \\[3mm]
c_1 = \dfrac{\hat{u}^1\big|_1 \hat{u}^3\big|_1 + \hat{u}^3\big|_1 \sqrt{1 - \hat{u}^2\big|_1^2 - \hat{u}^3\big|_1^2}}{1 - \hat{u}^1\big|_1^2 - \hat{u}^2\big|_1^2 - \hat{u}^3\big|_1^2} \\[3mm]
a_2 = \dfrac{\hat{u}^2\big|_2 \hat{u}^1\big|_2 + \hat{u}^1\big|_2 \sqrt{1 - \hat{u}^1\big|_2^2 - \hat{u}^3\big|_2^2}}{1 - \hat{u}^2\big|_2^2 - \hat{u}^1\big|_2^2 - \hat{u}^3\big|_2^2} \\[3mm]
b_2 = \dfrac{\hat{u}^2\big|_2^2 + \hat{u}^2\big|_2 \sqrt{1 - \hat{u}^1\big|_2^2 - \hat{u}^3\big|_2^2}}{1 - \hat{u}^2\big|_2^2 - \hat{u}^1\big|_2^2 - \hat{u}^3\big|_2^2} \\[3mm]
c_2 = \dfrac{\hat{u}^2\big|_2 \hat{u}^3\big|_2 + \hat{u}^3\big|_2 \sqrt{1 - \hat{u}^1\big|_2^2 - \hat{u}^3\big|_2^2}}{1 - \hat{u}^2\big|_2^2 - \hat{u}^1\big|_2^2 - \hat{u}^3\big|_2^2} \\[3mm]
a_3 = \dfrac{\hat{u}^3\big|_3 \hat{u}^1\big|_3 + \hat{u}^1\big|_3 \sqrt{1 - \hat{u}^2\big|_3^2 - \hat{u}^1\big|_3^2}}{1 - \hat{u}^3\big|_3^2 - \hat{u}^2\big|_3^2 - \hat{u}^1\big|_3^2} \\[3mm]
b_3 = \dfrac{\hat{u}^3\big|_3 \hat{u}^2\big|_3 + \hat{u}^2\big|_3 \sqrt{1 - \hat{u}^2\big|_3^2 - \hat{u}^1\big|_3^2}}{1 - \hat{u}^3\big|_3^2 - \hat{u}^2\big|_3^2 - \hat{u}^1\big|_3^2} \\[3mm]
c_3 = \dfrac{\hat{u}^3\big|_3^2 + \hat{u}^3\big|_3 \sqrt{1 - \hat{u}^2\big|_3^2 - \hat{u}^1\big|_3^2}}{1 - \hat{u}^3\big|_3^2 - \hat{u}^2\big|_3^2 - \hat{u}^1\big|_3^2}
\end{cases}
\tag{3.23}
$$

至此，解决 3D DDA 块体大转动问题的 S-R 分解的有关公式已推导完成。在 3D DDA 中实现的步骤如图 3.1 所示。首先，求解总体平衡方程式（2.5），得到每一块体的位移变量 $\boldsymbol{D}_i$；根据式（3.21），得到相应的物理分量 $\hat{u}^i|_j$；根据式（3.23），得到相应的系数 a_i、b_i 和 c_i；根据式（3.18），得到一阶位移函数及其位移分量；更新位移变量 $\boldsymbol{D}_i$，进而更新 3D DDA 的惯性力等子矩阵和总体平衡方程。计算时间内，每一次循环计算可以对块

体的运动及变形进行校正，从而实现了对块体转动膨胀问题的改进。

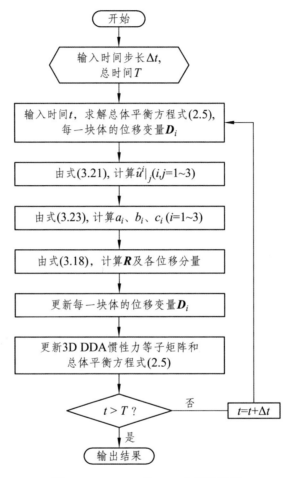

图 3.1   3D DDA 的 S-R 分解流程图

3.1.3   改进结果

如图 3.2 所示，三维边坡顶部有一滚石，可由静止沿坡面运动。滚石采用半径 $r_b = 0.5$ m、密度 $\rho = 2\,500$ kg/m^3，经线和纬线个数均为 6×6 的近似球体。滚石近似体积为 $0.424\,03$ m^3。3D DDA 计算参数：$k_n = 1.0 \times 10^5$ kN/m；$k_s = 1.0 \times 10^4$ kN/m；$\varphi = 30°$；时间步长 $\Delta t = 0.009$ s；重力加速度 $g = 9.8$ m/s^2。分别由初始 3D DDA 和基于 S-R 分解的改进 3D DDA 模拟滚石运动过程，考查滚石体积变化及运动轨迹。

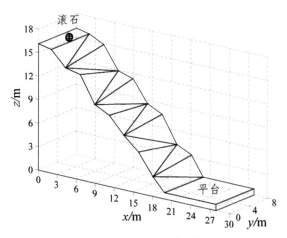

图 3.2　滚石边坡三维模型

　　图 3.3（a）给出滚石体积随 x 向位移的变化曲线。初始 3D DDA 模拟结果表明，滚石体积随着滚石运动而不断膨胀。在滚石 x 向位移为 26 m（滚石即将离开平台）时，滚石体积达到 0.942 13 m^3，即体积扩大了 2 倍以上。改进 3D DDA 模拟结果表明，滚石体积几乎无变化，对于滚石这样的刚体而言，这是合理的。因此，算例说明了改进 3D DDA 对处理块体大转动问题是有效的。图 3.3（b）和（c）分别给出滚石运动轨迹的立面图和平面图，表明初始和改进 3D DDA 运动轨迹显著不同。与改进 3D DDA 相比，初始 3D DDA 滚石弹跳高度较大，与边坡碰撞次数较少，且偏移量较大。造成这些不同的原因可能为：滚石体积增大，引起质量增大，影响了惯性力子矩阵和滚石能量，甚至是三维碰撞接触情况。因此，滚石大转动引起的体积膨胀问题严重影响了 3D DDA 岩质边坡破坏分析结果，而采用有限变形理论 S-R 分解改进的 3D DDA 方法，将有效解决这一问题。

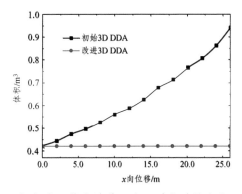

（a）滚石体积随其 x 向运动位移的变化

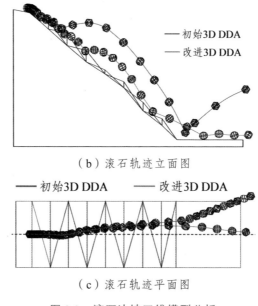

（b）滚石轨迹立面图

（c）滚石轨迹平面图

图 3.3 滚石边坡三维模型分析

3.2 块体临界滑动模型

3.2.1 3D DDA 滑动模型局限性

3D DDA 中节理面剪切破坏服从莫尔-库仑准则。节理面接触往往处理为角-面接触形式，且判断节理面剪切破坏时，需单独判断每一接触的接触状态是张开、滑动还是锁定（图 2.9）。对同一节理接触，所有角-面接触状态应该是一致的，但由于每一角-面接触嵌入深度不同，可能被判断为不同的接触状态。这一现象常出现于滑动块体的临界稳定状态，例如，"锁定"和"滑动"的角-面接触可能共存于同一节理接触中。此外，当考虑黏性节理面临界滑动分析时，一旦处于"滑动"状态的某一角-面接触黏聚力被消除，则整个节理面间的黏聚力也会被消除，这导致同一节理"锁定"的角-面接触加速破坏[177, 238]。上述问题将引起坡面上处于临界状态本该稳定的块体仍有滑动。下面采用两个算例考查初始 3D DDA 模拟块体临界滑动状态的局限性。

1．单个块体

如图 3.4（a）所示，坡角为 30° 的坡面上有一块体，在重力作用下可能向下滑动。3D DDA 计算的时间步长 $\Delta t = 0.005$ s，其他参数同 3.1.3 节。理论上临界摩擦角 φ_{cr} 为 30°。

假设黏聚力 $c=0$，连续增加摩擦角 φ，得到 3D DDA 块体稳定临界摩擦角为 33°，相对地 φ_{cr} 增大了 3°，显然这是不合理的。为了探究 3D DDA 临界摩擦角偏大的原因，检测几个临界界面参数取值下的块体接触角点接触状态并列于表 3.1，为方便表示，表中将"张开""滑动"和"锁定"分别用"O""S"和"L"表示。第 1 时步时，各接触角点均处于"锁定"状态。后续时步描述如下：

（1）当 $\varphi=20°$，$c=1$ MPa 和 $\varphi=31°$，$c=0$ 时，块体各接触角点接触状态存在不同情况。例如，第 2 时步的块体角点 p_1 和 p_2 均为"L"，而 p_3 和 p_4 均为"S"，即同一节理角点接触状态不同，这与理论上各角点接触状态相同相悖。块体本该稳定于坡顶，但却缓慢滑动。两种界面参数下，各角点接触状态在块体运动过程中发生了数次变化，分别于第 205 和 237 时步块体才稳定下来，各角点接触状态均变为"L"。

（2）当 $\varphi=29°$，$c=0$ 时，块体各接触角点接触状态在任一时步都是相同的，均为"S"。块体由坡顶滑动，滑动位移与理论解吻合，这将在本书其他章节进行验证。

（3）当 $\varphi=33°$，$c=0$ 时，块体各接触角点接触状态在任一时步都是相同的，均为"L"。块体稳定于坡顶。

表 3.1　单个块体各接触角点的接触状态

时步	$\varphi=20°$，$c=1$ MPa				$\varphi=29°$，$c=0$				$\varphi=31°$，$c=0$				$\varphi=33°$，$c=0$			
	p_1	p_2	p_3	p_4	p_1	p_2	p_3	p_4	p_1	p_2	p_3	p_4	p_1	p_2	p_3	p_4
1	L	L	L	L	L	L	L	L	L	L	L	L	L	L	L	L
2	L	L	S	S	S	S	S	S	L	L	S	S	L	L	L	L
3~52	S	S	S	S	S	S	S	S	S	S	S	S	L	L	L	L
53~54	S	S	S	S	S	S	S	S	L	L	S	S	L	L	L	L
55~56	L	L	S	S	S	S	S	S	S	S	S	S	L	L	L	L
57~96	S	S	S	S	S	S	S	S	S	S	S	S	L	L	L	L
...	...	...	...	...	...	...	...	...	...	...	...	...	...	...	...	...
205	L	L	L	L	S	S	S	S	S	S	S	S	L	L	L	L
...	...	...	...	...	...	...	...	...	...	...	...	...	...	...	...	...
237	L	L	L	L	S	S	S	S	L	L	L	L	L	L	L	L

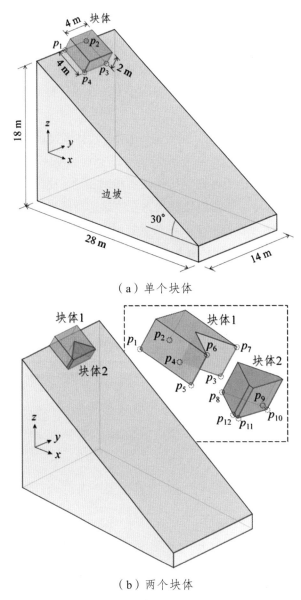

（a）单个块体

（b）两个块体

图 3.4　坡面上块体接触状态检测

2．两个块体

将图 3.4（a）中单个块体切割成两个块体，分别为凹体和凸体，记为块体 1 和块体 2，如图 3.4（b）所示。在 $\varphi = 31°$，$c = 0$ 时，检测两块体接触角点 p_i（$i = 1, \cdots, 12$）接触状态并列于表 3.2。第 2～8 时步两块体与坡面接触角点的接触状态不同，有悖于同一节理面各角点具有相同接触状态的理论。摩擦角 $\varphi = 31°$ 大于临界摩擦角，但两块体仍旧滑动，且块体之间张开最后分离，而并非一起滑动。各角点接触状态在运动过程中都发生了数次变化。块体 1 在第 220 时步各接触角点达到一致锁定而稳定下来；但块体 2 仍继续滑动，直到第 2 828 时步各接触角点才达到一致锁定而稳定下来。这一算例再次说明了临界界面条件下块体接触状态对 3D DDA 计算结果的影响。这归结于 3D DDA 对每一接触角点分别进行接触状态分析，且接触角点间可能具有不同接触状态。

表 3.2　两个块体各接触角点的接触状态

时步	p_1	p_2	p_3	p_4	p_5	p_6	p_7	p_8	p_9	p_{10}	p_{11}	p_{12}
1	L	L	L	L	L	L	L	L	L	L	L	L
2～5	S	S	L	L	L	L	L	S	L	L	L	L
6～8	L	L	S	S	S	O	O	L	S	S	S	S
9～20	L	L	L	L	L	O	O	S	S	S	S	S
21～52	S	S	S	S	S	O	O	S	S	S	S	S
53～55	L	L	S	S	S	O	O	S	S	S	S	S
56～60	L	L	L	L	L	O	O	S	L	L	L	L
61～91	S	S	S	S	S	O	O	S	S	S	S	S
…	…	…	…	…	…	…	…	…	…	…	…	…
220	L	L	L	L	L	O	O	S	S	S	S	S
…	…	…	…	…	…	…	…	…	…	…	…	…
2 828	L	L	L	L	L	O	O	L	L	L	L	L

3.2.2　滑动模型改进

针对以上问题，对同一节理面接触角点接触状态的不一致判断进行改进，即通过节理面各角点接触力之和大小来确定整个节理面的接触状态。弹簧接触力之和的法向和切向分量分别为

$$F_N = \sum_{i=1}^{\lambda} F_{ni} = \sum_{i=1}^{\lambda} k_n d_{ni} = k_n \sum_{i=1}^{\lambda} d_{ni} \tag{3.24}$$

$$F_S = \sum_{i=1}^{\lambda} F_{si} = \sum_{i=1}^{\lambda} k_s d_{si} = k_s \sum_{i=1}^{\lambda} d_{si} \tag{3.25}$$

黏聚力之和为

$$C = \sum_{i=1}^{\lambda} cA_i = c \sum_{i=1}^{\lambda} A_i \tag{3.26}$$

式中，λ 为接触角点个数；F_{ni} 和 F_{si} 分别为第 i 个角点接触力法向和切向分量；d_{ni} 和 d_{si} 分别为第 i 个角点法向和切向嵌入距离；A_i 为第 i 个角点对应的接触面积。

为确保节理面接触角点接触状态一致，首先需要检测各接触角点的接触状态。块体临界滑动模型改进思路如下：

（1）若 $F_N \leqslant 0$，则节理面接触状态为"张开"；

（2）若 $F_N > 0$，且 $F_S > F_N \tan\varphi + C$，则节理面接触状态为"滑动"；

（3）若 $F_N > 0$，且 $F_S \leqslant F_N \tan\varphi + C$，则节理面接触状态为"锁定"。

每一时步节理面接触状态确定后，即可统一各接触角点的接触状态，并按照表 2.1 执行开-闭迭代准则，进行下一步计算。

3.2.3　改进结果

1．单个块体

采用初始和改进 3D DDA 分别计算图 3.4（a）中单个块体模型，得到不同临界界面参数下块体所处状态，如图 3.5 所示。在图 3.5（a）和（b）中，设置的界面参数使得界面抗剪强度大于临界值，但初始 3D DDA 计算的块体仍存在一定滑移；在图 3.5（c）中，设置的界面参数等于界面抗剪强度临界值，但初始 3D DDA 计算的块体发生较大滑移。这些结果表明初始 3D DDA 临界滑动模型计算存在误差。而改进 3D DDA 计算三种界面参数下的块体均处于稳定状态，即块体不发生位移，如图 3.5（d）所示。在图 3.5 各参数条件下，块体各接触角点接触状态描述为：初始 3D DDA 接触状态存在不一致情况（表 3.2），而改进 3D DDA 接触状态一致，且一直为"锁定"状态。以上说明了改进 3D DDA 在计算块体临界滑动状态时的有效性。

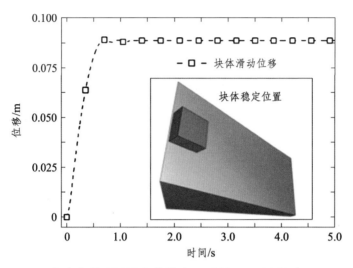

（a）初始 3D DDA 结果（$\varphi = 20°$，$c = 1$ MPa）

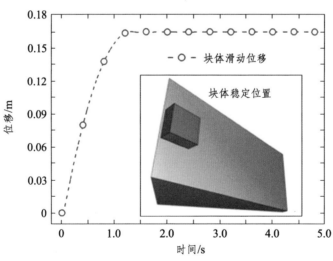

（b）初始 3D DDA 结果（$\varphi = 31°$，$c = 0$）

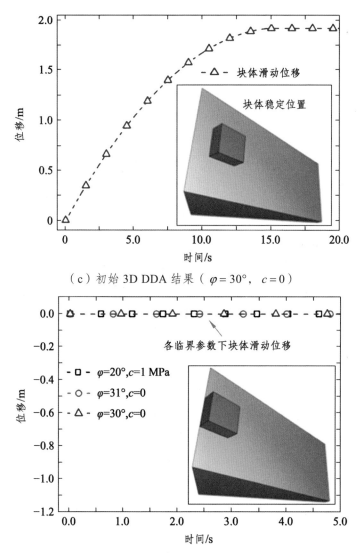

（c）初始 3D DDA 结果（$\varphi = 30°$，$c = 0$）

（d）改进 3D DDA 结果（各临界界面参数）

图 3.5 初始 3D DDA 和改进 3D DDA 计算单个块体

2．两个块体

对图 3.4（b）中的两块体进行 3D DDA 模拟。如图 3.6（a）所示，在 $\varphi = 31°$ 和 $c = 0$ 条件下，初始 3D DDA 计算结果是两块体均滑移，两块体分离，且距离较大，达 0.3 m；而改进 3D DDA 计算结果是两块体均处于静止状态［图 3.6（c）］。如图 3.6（b）所示，在 $\varphi = 30°$ 和 $c = 0$ 的临界条件下，初始 3D DDA 计算结果是两块体均滑移，滑移较大，两块体分离但距离较小，仅为 0.04 m；而改进 3D DDA 计算结果是两块体均处于静止状态 [图 3.6（c）]。初始 3D DDA 各接触角点接触状态存在不一致情况（表 3.2），而改进 3D DDA 接触状态一致，且一直为"锁定"状态。本例再次证明了改进 3D DDA 在计算块体临界滑动状态时是有效的。

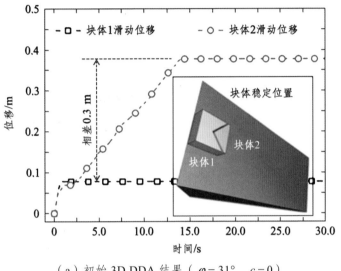

（a）初始 3D DDA 结果（$\varphi = 31°$，$c = 0$）

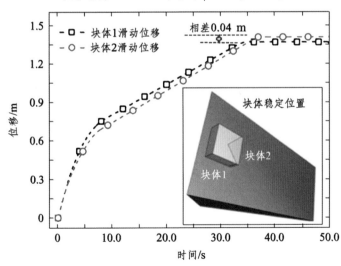

（b）初始 3D DDA 结果（$\varphi = 30°$，$c = 0$）

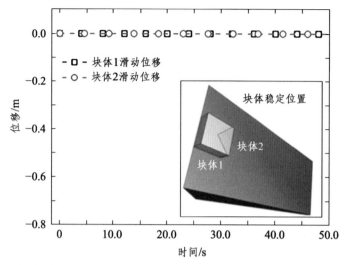

（c）改进 3D DDA 结果（$\varphi = 31°$，$c = 0$；$\varphi = 30°$，$c = 0$）

图 3.6　初始 3D DDA 和改进 3D DDA 计算两个块体

3.3　块体碰撞接触模型分析

3.3.1　3D DDA 动力学基础

DDA 方法的动力学基础体现在惯性力势能的引入，每一时步开始的速度继承上一时步的全部或部分速度。[$u(t)$，$v(t)$，$w(t)$] 表示块体 i 任一点（x，y，z）随时间 t 变化的位移，ρ 为块体 i 单位体积质量，则块体在 x、y、z 三个方向单位体积的惯性力为

$$\begin{pmatrix} f_x \\ f_y \\ f_z \end{pmatrix} = -\rho \begin{pmatrix} \ddot{u}(t) \\ \ddot{v}(t) \\ \ddot{w}(t) \end{pmatrix} \tag{3.27}$$

式中，$\ddot{u}(t)$、$\ddot{v}(t)$、$\ddot{w}(t)$ 分别为 $u(t)$、$v(t)$、$w(t)$ 对应的加速度。块体 i 的惯性力势能为

$$\Pi_i = -\iiint (u \quad v \quad w) \begin{pmatrix} f_x \\ f_y \\ f_z \end{pmatrix} \mathrm{d}x\mathrm{d}y\mathrm{d}z$$

$$= \iiint \rho (u \quad v \quad w) \begin{pmatrix} \ddot{u}(t) \\ \ddot{v}(t) \\ \ddot{w}(t) \end{pmatrix} \mathrm{d}x\mathrm{d}y\mathrm{d}z$$

$$= \iiint \rho \boldsymbol{D}^{\mathrm{T}} \boldsymbol{T}^{\mathrm{T}} \boldsymbol{T} \ddot{\boldsymbol{D}}(t) \mathrm{d}x\mathrm{d}y\mathrm{d}z \tag{3.28}$$

式中，$\boldsymbol{T}$ 为块体 i 在某一位置的位移函数 [式（2.2）]；$\boldsymbol{D}$ 为块体 i 的位移及应变变量矩阵 [式（2.3）]；$\ddot{\boldsymbol{D}}(t)$ 为块体 i 在时间 t 的加速度向量。

假设块体 i 时步开始和结束时的位移分别为 $\boldsymbol{D}(t_0) = 0$ 和 $\boldsymbol{D}(t_0 + \Delta t)$，$\boldsymbol{D}(t_0 + \Delta t)$ 在 $t = t_0$ 的时间积分

$$\boldsymbol{D}(t_0 + \Delta t) = \boldsymbol{D}(t_0) + \Delta t \dot{\boldsymbol{D}}(t_0) + \frac{\Delta t^2}{2} \ddot{\boldsymbol{D}}(t_0) = \Delta t \dot{\boldsymbol{D}}(t_0) + \frac{\Delta t^2}{2} \ddot{\boldsymbol{D}}(t_0) \tag{3.29}$$

式中，Δt 为时间步长，$\ddot{\boldsymbol{D}}(t_0)$ 和 $\dot{\boldsymbol{D}}(t_0)$ 分别为块体 i 在 $t = t_0$ 的加速度和速度向量。DDA 采用常加速度积分方法，式（3.29）可变为

$$\ddot{\boldsymbol{D}}(t_0 + \Delta t) = \ddot{\boldsymbol{D}}(t_0) = \frac{2}{\Delta t^2} \boldsymbol{D}(t_0 + \Delta t) - \frac{2}{\Delta t} \boldsymbol{V}(t_0) \tag{3.30}$$

式中，$\boldsymbol{V}(t_0)$ 为块体 i 在 $t = t_0$ 的速度，$\boldsymbol{V}(t_0) = \dot{\boldsymbol{D}}(t_0)$。因此，块体 i 惯性力势能为

$$\Pi_i = \boldsymbol{D}^{\mathrm{T}} \iiint \boldsymbol{T}^{\mathrm{T}} \boldsymbol{T} \mathrm{d}x\mathrm{d}y\mathrm{d}z \left(\frac{2\rho}{\Delta t^2} \boldsymbol{D} - \frac{2\rho}{\Delta t} \boldsymbol{V}(t_0) \right) \tag{3.31}$$

由最小势能原理，对 Π_i 求导，得到块体 i 惯性力势能对总体刚度矩阵和荷载矩阵的作用，分别为

$$\frac{2\rho}{\Delta t^2} \iiint \boldsymbol{T}^{\mathrm{T}} \boldsymbol{T} \mathrm{d}x\mathrm{d}y\mathrm{d}z \rightarrow \boldsymbol{K}_{ii} \tag{3.32}$$

$$\frac{2\rho}{\Delta t} \left(\iiint \boldsymbol{T}^{\mathrm{T}} \boldsymbol{T} \mathrm{d}x\mathrm{d}y\mathrm{d}z \right) \boldsymbol{V}(t_0) \rightarrow \boldsymbol{F}_i \tag{3.33}$$

在 $t = t_0 + \Delta t$ 的速度

$$\boldsymbol{V}(t_0 + \Delta t) = \boldsymbol{V}(t_0) + \Delta t \dot{\boldsymbol{V}}(t_0) = \boldsymbol{V}(t_0) + \Delta t \ddot{\boldsymbol{D}}(t_0) \tag{3.34}$$

将式（3.30）代入式（3.34），得

$$\boldsymbol{V}(t_0 + \Delta t) = \frac{2}{\Delta t} \boldsymbol{D}(t_0 + \Delta t) - \boldsymbol{V}(t_0) \tag{3.35}$$

通过求解总体平衡方程式（2.5），得到 $t = t_0 + \Delta t$ 时刻的位移向量，代入式（3.35）即可得到 $t = t_0 + \Delta t$ 时刻的速度向量。

3.3.2 碰撞恢复系数

块体碰撞、回弹，涉及块体变形和动能损失，较为复杂，因此常采用恢复系数来描述块体碰撞特征和速度变化。设块体 i 与固定块体 j 在 t 时刻接触碰撞，在 $t + N\Delta t$ 时刻反弹分离。$N\Delta t$ 为接触碰撞时间，其中 N 为正整数，是接触碰撞所经历的时步数，它与时间步长和接触弹簧刚度取值有关。DDA 可根据 t 时刻速度逐步迭代，求解 $t + N\Delta t$ 时刻速度。如图 3.7（a）所示，碰撞前（即入射）平动速度大小 v_0，沿接触面法向和切向分量分别为 v_{0n} 和 v_{0s}；碰撞后（即反射）平动速度大小 v_1，沿接触面法向和切向分量分别为 v_{1n} 和 v_{1s}；碰撞前后角速度分别为 ω_0 和 ω_1；碰撞前后平动速度与接触面夹角，即入射角和反射角分别为 ϕ_0 和 ϕ_1。碰撞恢复系数（Coefficient of Restitution，COR）定义[38]为

$$COR = v_1 / v_0 \tag{3.36}$$

碰撞引起的动能损失可理解为沿坡法向和切向的两部分动能耗散，法向部分源于两块体变形，切向部分源于块体接触的摩擦作用。因此，滚石碰撞恢复系数可由沿接触面法向和切向的速度分别定义为

$$COR_n = v_{1n} / v_{0n} \tag{3.37}$$

$$COR_s = v_{1s} / v_{0s} \tag{3.38}$$

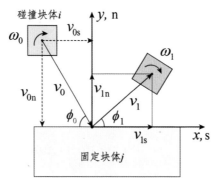

（a）与固定块体碰撞

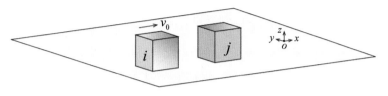

（b）与非固定块体碰撞

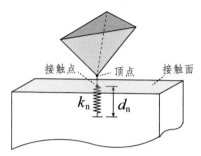

（c）正面碰撞的角-面接触

图 3.7　块体 i 与 j 碰撞分析

3.3.3　碰撞冲量

如图 3.7（b）所示，块体 i 与 j 面-面对心碰撞。块体 i 碰撞过程中所受冲量 I 可由动量定理得到

$$I = m_i v_1 - m_i v_0 \tag{3.39}$$

式中，m_i 为块体 i 质量，v_0 和 v_1 分别为块体 i 碰撞前后的（合）速度。

块体 i 与 j 碰撞，属面-面接触，可简化为四个角-面接触[226]。角-面接触如图 3.7（c）所示，法向弹簧刚度 k_n，第 l 个接触角点嵌入深度 $d_{\mathrm{n}l}(t)$，即嵌入深度是接触碰撞过程的时间函数。碰撞过程中，块体 i 与 j 的接触力为

$$F(t) = \sum_{l=1}^{\lambda} k_\mathrm{n} d_{\mathrm{n}l}(t) \tag{3.40}$$

式中，λ 为接触角点个数。所受冲量 I 写成接触力的时间积分

$$I = \int_0^{N\Delta t} F(t)\mathrm{d}t = \int_0^{N\Delta t}\left[\sum_{l=1}^{\lambda} k_\mathrm{n} d_{\mathrm{n}l}(t)\right]\mathrm{d}t = N\Delta t \sum_{l=1}^{\lambda} k_\mathrm{n} \bar{d}_{\mathrm{n}l} \tag{3.41}$$

式中，$F(t)$ 为接触力，$\bar{d}_{\mathrm{n}l}$ 为接触过程第 l 个接触角点平均嵌入深度。对于图 3.7（b）中的面-面接触，$\lambda = 4$。

基于分组试验和数值模拟结果回归分析，侯健等[239]提出了混凝土块体面-面对心碰撞冲量模型

$$I = 1.3 \times 10^{-3} m v_0 (f_c + 246.4) \cdot \left[1 - \frac{1}{1 + (\mu/1.075)^{1.158}}\right][\exp(-\theta/1.358) + 3.986] \qquad （3.42）$$

式中，m 为碰撞块体质量；v_0 为接触碰撞前速度；f_c 为混凝土抗压强度；μ 为被碰撞块体与碰撞块体的质量比；θ 为两块体初始碰撞夹角。

根据此模型，块体 i 与 j 面-面对心碰撞（ $\theta = 0°$ ），所受冲量可进一步写成

$$I = 6.4818 \times 10^{-3} m_i v_0 (\sigma_c + 246.4) \left[1 - \frac{1}{1 + (\mu/1.075)^{1.158}}\right] \qquad （3.43）$$

式中，σ_c 为块体抗压强度。

DDA 按时步逐步迭代求解，块体速度、接触等由当前时步传递到下一时步。将碰撞过程分解为多个时步，输出每一时步速度和嵌入量，进而根据恢复系数概念、动量定理和 DDA 接触力发展方式，得到了块体碰撞恢复系数、冲量和冲击力。以此为参考指标，分析斜抛、面-面对心等碰撞模型，揭示了块体碰撞接触的复杂过程。

3.4　块体基本运动三维 DDA 验证分析

滚石运动是块体运动基本形式的组合运动，包括自由落体、滑动、碰撞弹跳和滚动（或倾倒）。由于滚石与滚石、滚石与坡面或滚石与树木的碰撞，自由落体通常以斜抛运动的形式表现出来，而不仅是由静止而垂直下落的运动。本节将这四种运动，还包括斜抛运动，视为滚石的基本运动形式，来验证本书改进的 3D DDA 方法的有效性。

DDA 求解块体速度和嵌入深度等，之所以与计算时间步长和接触弹簧刚度有关，归根结底是这两个人为控制参数对 DDA 计算精度的影响。有关两参数的取值，学者们已经作了一些分析和讨论。例如，江巍和郑宏[153]基于滑块模型，比较了不同时间步长和弹簧刚度下计算结果的相对误差，给出了两参数取值的上下限原则；邬爱清等[154]通过自由落体和滑块模型，确定了时间步长和弹簧刚度组合合理的单连通参数取值域。本书在这些研究基础上，采用"上下限原则"，通过多次试算确定两参数取值，将其影响控制在相应上下限范围之内，使之达到可接受的精度要求。"上下限原则"概述如下[153]：时间步长下限应使块体间有足够的相互嵌入来发展接触力，使计算较快收敛；上限应满足使位移时

间积分的二阶无穷小可以忽略，能向下一时步传递所有几何和物理参数，确保计算稳定。弹簧刚度下限应使块体间发生相互嵌入，且距离不宜过大，以保证计算过程中弹簧位移可以忽略；上限应使总体刚度矩阵不是线性相关或者严重病态。块体运动分析中两参数取值需进一步进行理论分析和试验校正，这将是今后 DDA 方法值得研究的课题之一。

3.4.1　滑动、斜抛、自由落体

建立如图 3.8 所示的 3D DDA 模型，立方体块体 1 棱长为 1 m。块体 1 由静止开始沿坡角为 $\alpha = 20°$、摩擦角为 φ 的坡面滑动。当块体从坡面下落时，它由滑动转化为斜抛运动。滑动距离 $S = 11$ m，下落高度 $H = 5$ m。滑动位移解析解 $s_1(t)$ 写成时间 t 的函数

$$s_1(t) = (g \sin \alpha - g \cos \alpha \tan \varphi)t^2 / 2 \tag{3.44}$$

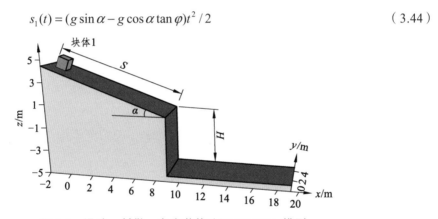

图 3.8　滑动、斜抛、自由落体验证 3D DDA 模型

斜抛运动的起始位置的坐标为（10.0，2.0，0.5），此处沿 x、y、z 三个方向的速度分别为 v_{0x}、v_{0y}、v_{0z}。块体 1 斜抛运动在 t 时刻的位置 $[x(t)，y(t)，z(t)]$ 表示如下

$$
\begin{aligned}
&x(t) = 10.0 + v_{0x}t \\
&y(t) = 2.0 + v_{0y}t \\
&z(t) = 0.5 + v_{0z}t - gt^2 / 2
\end{aligned}
\tag{3.45}
$$

斜抛运动的位移 $s_2(t)$ 为

$$s_2(t) = \sqrt{(v_{0x}t)^2 + (v_{0z}t - gt^2/2)^2} \tag{3.46}$$

在 xoz 平面上的运动轨迹

$$z = 0.5 + \frac{x - 10.0}{v_{0x}} v_{0z} - \frac{1}{2} g \left(\frac{x - 10.0}{v_{0x}} \right)^2 \tag{3.47}$$

　　分别取摩擦角 $\varphi = 0°$、$10°$、$21°$。块体 1 离开 $\varphi = 10°$ 坡面时速度为 $v_{0x} = 5.78$ m/s 和 $v_{0z} = 2.57$ m/s，其运动轨迹可由式（3.47）计算，同时亦可由 3D DDA 输出，输出流程见 5.1.2 节。运动轨迹输出时间与 DDA 的时间步长和块体数等有关。本节 3D DDA 计算参数：$g = 9.8$ m/s^2，$\rho = 2\,500$ kg/m^3，$\Delta t = 0.000\,1$ s，$k_n = 1 \times 10^6$ kN/m，$k_s = 1 \times 10^5$ kN/m。总体上，改进 3D DDA 运动轨迹的输出效率较高。采用英特尔酷睿 i7 处理器（3.40 GHz）和 16 GB 内存的计算机，通常只需要几秒至几十秒的时间即可得到本章块体或滚石系统的运动轨迹。3D DDA 模拟与解析解的块体 1 运动轨迹比较如图 3.9（a）所示，其中 3D DDA 输出运动轨迹的时间约为 4.5 s。相应地，图 3.9（b）给出由 3D DDA 和解析解［式（3.44）和式（3.46）］得到的滑动和斜抛的位移比较，表明 3D DDA 在滑动和斜抛模拟方面，与解析解吻合较好。此外，斜抛运动包含自由落体运动，因此，3D DDA 自由落体计算能力也得到了间接验证。

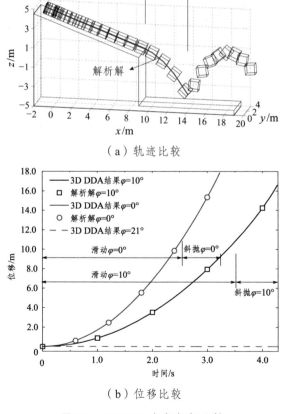

（a）轨迹比较

（b）位移比较

图 3.9　3D DDA 与解析解比较

3.4.2　碰撞弹跳

Asteriou 和 Tsiambaos[50]通过斜抛试验获得块体碰撞的反弹特征，如反射角、平动速度、角速度等，可与 3D DDA 计算结果比较。块体采用由高强水泥灌浆而成的立方体块，棱长 3 cm，容重 21.9 kN/m^3，以一定速度做斜抛运动后，再与固定块体碰撞，如图 3.7（a）所示。碰撞前，块体入射角、平动速度、角速度等入射特征见表 3.3，斜抛试验共重复 50 次。在同样条件下，3D DDA 亦模拟 50 次。3D DDA 计算参数同 3.4.1 节。碰撞后，由试验和 3D DDA 得到的反弹特征列于表 3.3。根据式（3.36）～式（3.38）得到块体碰撞的各恢复系数，并计算各恢复系数的平均值、标准差、最小值和最大值，列于表 3.4。从表 3.3 和表 3.4 可以看出，3D DDA 结果与试验结果接近。3D DDA 计算的反弹特征和恢复系数较大，标准差较小。与初始 3D DDA 相比，改进 3D DDA 与试验结果更为接近。由试验和 3D DDA 得到的 COR_n 和 COR_t 可知，COR_t 远大于 COR_n，即碰撞后切向速度减小量较小，法向速度减小量较大。就块体碰撞而言，动能损失主要源于法向动能耗散，即由碰撞实体间的变形引起；切向动能耗散较小，即切向摩擦力影响较小。

表 3.3　块体的入射特征和反弹特征（平均值/标准差）

方法	入射			反射		
	角度 ϕ_i /（°）	速度 v_i /（m/s）	角速度 ω_i / s^{-1}	角度 ϕ_r /（°）	速度 v_r /（m/s）	角速度 ω_r / s^{-1}
试验	61.2/4.2	3.4/0.2	12.4/10.4	22.9/10.2	1.5/0.4	53.4/21.4
改进 3D DDA	61.2/4.2	3.4/0.2	12.4/10.4	23.7/6.2	1.8/0.3	56.1/15.2
初始 3D DDA	61.2/4.2	3.4/0.2	12.4/10.4	25.2/7.6	2.1/0.4	57.9/16.5

表 3.4　碰撞恢复系数的比较

方法	COR		COR_n		COR_t	
	平均值/标准差	最小值/最大值	平均值/标准差	最小值/最大值	平均值/标准差	最小值/最大值
试验	0.45/0.10	0.19/0.59	0.20/0.10	0.02/0.40	0.85/0.15	0.44/1.13
改进 3D DDA	0.54/0.05	0.24/0.75	0.32/0.07	0.05/0.55	0.88/0.10	0.55/1.20
初始 3D DDA	0.59/0.08	0.20/0.80	0.35/0.09	0.04/0.70	0.89/0.25	0.53/1.23

侯健和王建安[240]利用可求解高度非线性结构动力问题的 LS-DYNA 有限元程序开展了三个相同混凝土立方体面-面对心碰撞试验。如图 3.10 所示，块体 i 以速度 v_0 碰撞面-面接触的静止块体 j 和 k。三个块体棱长 0.3 m，密度 2 400 kg/m³，抗压强度 32.3 MPa，弹性模量 3.09×10^4 MPa，且假定块体碰撞表面平滑，时间步长 0.000 8 s。在块体 i 不同碰撞速度 v_0 条件下，由 LS-DYNA 和 3D DDA 分别获得各块体碰撞后的速度，见表 3.5，结果表明两种方法得到的块体速度十分接近。由式（3.39）、式（3.41）得到 3D DDA 模拟的碰撞冲量，相应地，由式（3.43）得到 LS-DYNA 分析的碰撞冲量[240]，见图 3.11（a）和（b）。可以看出，两种方法得到的块体间碰撞冲量相吻合。通过基本的碰撞算例，验证了 3D DDA 在模拟块体碰撞方面的准确性。

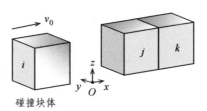

图 3.10　块体面-面对心碰撞模型

表 3.5　LS-DYNA 有限元程序与 3D DDA 获得的各块体速度/（m/s）

方法	$v_0 = 1.0$			$v_0 = 2.0$			$v_0 = 3.0$		
	i	j	k	i	j	k	i	j	k
LS-DYNA	-0.012	0.085	0.914	-0.018	0.164	1.835	-0.027	0.234	2.783
3D DDA	-0.037	0.102	0.929	-0.062	0.188	1.866	-0.096	0.250	2.833

方法	$v_0 = 4.0$			$v_0 = 5.0$		
	i	j	k	i	j	k
LS-DYNA	-0.063	0.358	3.650	-0.013	0.473	4.555
3D DDA	-0.157	0.395	3.745	-0.234	0.549	4.669

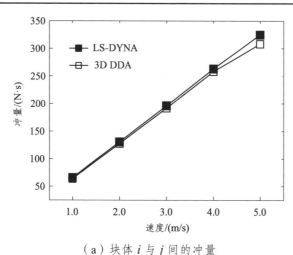

（a）块体 i 与 j 间的冲量

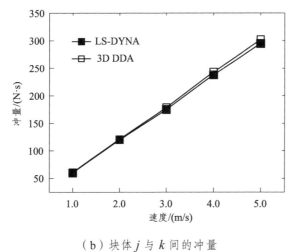

（b）块体 j 与 k 间的冲量

图 3.11 3D DDA 与 LS-DYNA 结果比较

3.4.3 滚 动

滚动采用临界滚动启动角（Critical Rolling Initiation Angle，CRIA）[241]概念进行验证，其定义为

$$\theta = \frac{360°}{2n} \tag{3.48}$$

式中，θ 是具有 n 条边的等边多边形某一条边对应的中心角的一半［图 3.12（a）］。若摩擦角 φ 大于坡角，且 $\alpha \geqslant \theta$，则块体滚动。

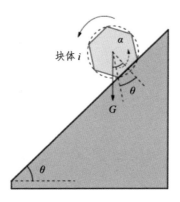

（a）临界滚动启动角

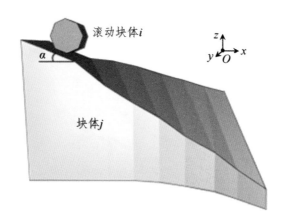

（b）$n=8$ 时的 3D DDA 模型

图 3.12　滚动模型

为了描述块体的三维转动，建立块体 i 沿弧形坡面滚动的 3D DDA 模型。取 $n=4$、6、8、10、12、18，其中 $n=8$ 对应的 3D DDA 模型如图 3.12（b）所示。由 3D DDA 和式（3.48）计算的 CRIA 示于图 3.13（a）中，可见 3D DDA 计算结果与解析解一致。此外，$n=8$（$\varphi=30°$）时的滚动轨迹及其平面图分别如图 3.13（b）和（c）所示。

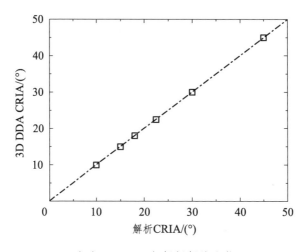

（a）3D DDA 与解析解的比较

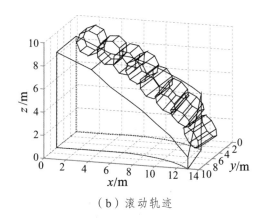

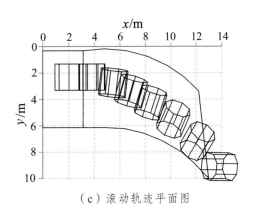

（b）滚动轨迹 　　　　　　　　　（c）滚动轨迹平面图

图 3.13　滚动的 3D DDA 验证

3.4.4　倾倒与碰撞

如图 3.14（a）所示，一单排块体系统由 18 个相同的六面体块体组成，置于一平面上，以研究多米诺骨牌倾倒碰撞过程。块体由前到后依次编号 1～18，每一块体尺寸（长×宽×高）为 0.13 m×0.02 m×0.18 m，密度 2 500 kg/m³。3D DDA 计算参数：时间步长 0.000 1 s，法向和切向弹簧刚度分别为 $1×10^6$ kN/m 和 $1×10^5$ kN/m，在块体 1 顶部施加一水平瞬时点荷载，使其倾倒。

图 3.14（a）给出块体间距 $d = 0.02$ m、界面摩擦角 $\varphi = 60°$ 的多米诺骨牌倾倒过程。块体 1 受瞬时推力倾倒后，与块体 2 接触碰撞，导致块体 2 倾倒，直至后续块体递次倒下，最终所有块体静止于平面上。整个过程中每一块体的速度变化如图 3.14（b）所示，结果表明块体开始倾倒的速度随块体号增加而增大，块体倾倒的传播时间随块体号增加而减小。倾倒过程中，块体重心降低，重力势能转化为动能，具有一定的速度；当与下一块体接触碰撞时，由于动量守恒，下一块体获得一定速度，具有一定动能，且倾倒过程中其重力势能也转化为动能；两个动能叠加在一起后再与之后的块体碰撞，如此，动能会依次增加，块体倾倒的速度增大；直至最后一个块体以最大速度倾倒，与地面碰撞；能量通过与地面、块体间的反复接触、碰撞和摩擦而耗散掉，骨牌系统最后静止于平面上。不同间距 $d = 0.01～0.06$ m 下 16 号块体速度时程曲线见图 3.14（c）。间距越大，同一块体被碰撞的时间越迟，其最终稳定的时间也越迟。间距增大，块体与其下一块体碰撞前倾倒位移（幅值）增大，块体重心下降增多，由重力势能转化而来的动能增多。因此，随间距增大，同一块体所达到的最大动能增大。不同界面摩擦角 $\varphi = 10°～80°$ 下 16 号块体速度时程曲线见图 3.14（d）。摩擦角增大，同一块体被碰撞的时间延迟，但最终稳定时间不一定延迟。当摩擦角较小时，如 $\varphi = 10°$ 和 20°，倾倒过程中，块体底部向后滑动，尤其是编号较小的块体此现象更加明显。多米诺骨牌倾倒是一个典型的动力学问题，骨牌

之间及骨牌与平面之间存在多点接触及碰撞、能量转换及耗散、摩擦状态切换和单边约束等复杂的界面相互作用，3D DDA 可模拟和展示这一过程。

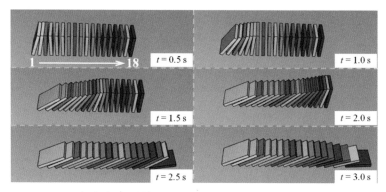

（a）倾倒碰撞过程（$d = 0.02$ m，$\varphi = 60°$）

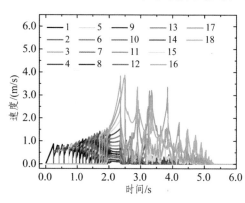

（b）各块体速度（$d = 0.02$ m，$\varphi = 60°$）　（c）不同间距下 16 号块体速度（$\varphi = 60°$）

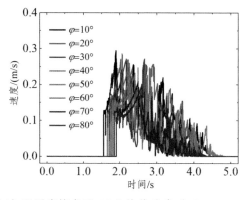

（d）不同摩擦角下 16 号块体速度（$d = 0.02$ m）

图 3.14　多米诺骨牌倾倒碰撞分析

CHAPTER 4
岩质边坡破坏机理

4.1 岩质边坡破坏模式

　　边坡岩体受结构面切割后，形成岩块系统。当块体间和块体系统与母岩间的摩擦力、支撑力等不能满足其自身稳定，或块体系统遭受降雨、地震、人类活动等外力扰动时，块体系统即由静止开始变形、运动。根据边坡危岩体初始失稳启动特征，岩质边坡破坏主要可以分为：滑移模式、倾倒模式、崩塌落石模式。对边坡进行分类，建立相应的数学力学模型，考虑惯性分量，进而确定能更加真实判断边坡失稳的动力极限平衡条件。基于这些失稳条件，若能及时采取相应的加固支护措施，可以防止危岩体失稳破坏，预防边坡灾害发生。边坡岩体失稳破坏模式的确定，是分析块体系统启动的基础，是岩质边坡失稳破坏机理研究的重点。

4.1.1 滑移模式

　　滑移是岩质边坡最常见的破坏模式［图4.1（a）］。基于滑动接触面的个数，滑移分为单滑面滑移和多滑面滑移。单滑面滑移即为平面滑移［图4.1（b）］，多滑面滑移比较典型的是楔体滑移［图4.1（c）］。平面滑移一般发生在有软弱夹层的岩质边坡中，发生平面滑移的一般条件[16]为：滑面的走向必须与坡面平行或接近平行；破坏面在边坡面露出，它的倾角小于坡面倾角，且大于接触面间的摩擦角；岩体中存在对滑动仅有很小阻力的解离面。而楔体滑移属于三维空间问题，稳定性和破坏规模受滑面产状和滑面相交的几何属性影响很大。

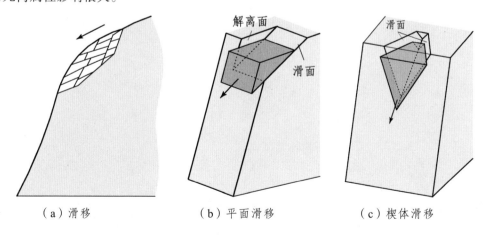

|（a）滑移 | （b）平面滑移 | （c）楔体滑移 |

图4.1　滑移模式

4.1.2　倾倒模式

倾倒模式常发生在岩层倾向坡内，具有一系列的层状或块状岩柱，且横向节理发育的岩质边坡上。根据块体系统运动特征，岩质边坡倾倒模式分为弯曲式、岩块式、翻转式、滑移式，如图 4.2 所示。其中，滑移式倾倒是指某一块体边倾倒边滑动，即倾倒-滑动模式，或块体系统存在部分块体滑动、部分块体倾倒的混合形式。块体系统倾倒与块体和坡面的几何条件密切相关。在倾倒破坏之前，往往出现岩柱张裂、错动和弯曲现象，当岩柱根底或其他某一部位被挖空或被侵蚀，或边坡上部失稳使急倾斜的岩层受载，或上覆岩石失稳使下部急倾斜岩层向外移动，或边坡下部移动使坡底翻倒的岩块解除约束时，均会使发生倾倒破坏的几何和力学条件得以满足。从失稳条件及实际现象看，倾倒常与滑移、崩塌落石等同时出现，并且多种倾倒模式并存。如翻转式倾倒是指块体绕着某一静止的棱倾倒，但由于结构面发育不同，摩擦角不同，同时块体底部基面的倾角可能是变化的，所以块体翻转时大多会伴随着滑移。实际工程中，滑移式倾倒较翻转式倾倒更为常见。

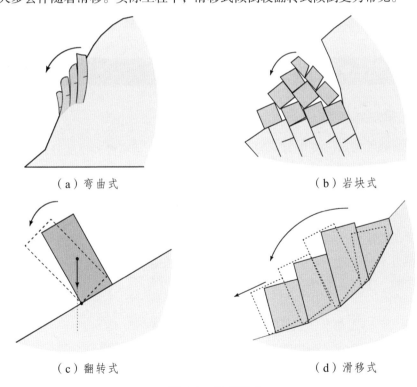

（a）弯曲式　　　　　　　　　　　　　（b）岩块式

（c）翻转式　　　　　　　　　　　　　（d）滑移式

图 4.2　倾倒模式

4.1.3　崩塌落石模式

我国是多山国家，随着经济社会发展，修建了大量的公路、铁路和水利工程等基础设施，形成了大量高陡岩质边坡，增加了崩塌落石的发生概率。崩塌落石常发生于高陡边坡前缘地带。如图4.3所示的崩塌落石模式在西藏山区道路两旁较为常见。崩塌过程中无明显滑移面。岩坡崩塌发生的条件可归纳为：高陡岩坡上存在松动的岩块或危岩体，岩块或危岩体所在的坡面坡度大于安息角，且具有雨水渗透、冻融剥蚀、风化、人类活动等外界诱发因素。崩塌落石发生后，或无阻挡直接坠落于坡脚，或于坡面上滚落、滑移、弹跳、碰撞，最后堆积于坡脚，这是一种高速、远程的运动模式，岩块的形状、质量和坡面条件等对失稳后崩塌落石的运动特征和破坏程度影响较大。滚石运动特征及其影响因素、致灾程度、被动防护等将在后续章节呈现。

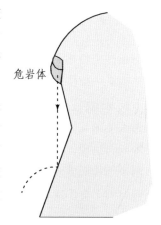

危岩体

图 4.3　崩塌落石模式

4.2　考虑惯性分量的失稳模型

4.2.1　单块体模型

如图4.4（a）所示，坡角为 α 的边坡上有一块体，其高度和厚度分别为 h 和 t，内摩擦角 φ，假设无黏聚力。Hoek 和 Bray[16]基于静力平衡方程，提出块体滑动、倾倒和倾倒-滑动等模式的失稳条件，如图4.4（b）所示。如果块体纯倾倒，则转动中心在其左下角点，且该角点应该固定。然而，块体失稳本质上是一个动力进程，块体重心有线加速度和转动加速度，即需要考虑块体运动的惯性（动力）分量。此外，当作用于左下角点的摩擦力不够大时，该角点滑动，静力分析失去意义。因此，为了使块体失稳分析更加接近实际，应考虑动力平衡条件。动力平衡方程为

$$\sum F_x = G\sin\alpha - S = \frac{G}{g}\ddot{x} \tag{4.1}$$

$$\sum F_y = G\cos\alpha - N = \frac{G}{g}\ddot{y} \tag{4.2}$$

$$\sum M_O = S\frac{h}{2} - N\left(\frac{t}{2} - e\right) = \frac{G}{g}\frac{(t^2 + h^2)}{12}\ddot{\theta} \tag{4.3}$$

式中，$S = N\tan\varphi$，S 和 N 分别为基面对块体的切向力和法向力；e 为块体左下角点与 N 作用位置之间的距离；$\ddot{x}$ 和 $\ddot{y}$ 分别为块体重心沿 x 轴和 y 轴的线性加速度；$\ddot{\theta}$ 和 g 分别为块体转动加速度和重力加速度；G 为块体重力。

基于式（4.1）～式（4.3）及表 4.1 中每一种失稳模式对应的约束条件[242]，可以得到块体稳定条件及考虑动力平衡条件时的不同模式的失稳条件，列于表 4.1。

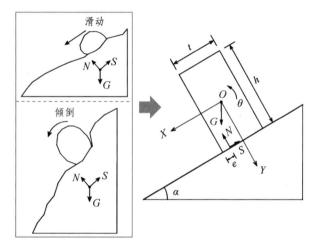

（a）数学模型

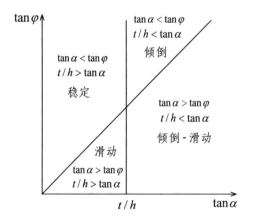

（b）静力失稳条件

图 4.4 块体稳定分析

表 4.1 岩块稳定条件和不同模式的失稳条件

条件		稳定	滑动	倾倒	倾倒-滑动
边界		$\ddot{x}=\ddot{y}=\ddot{\theta}=0$ $e>0$ $\dfrac{S}{N}\leqslant\tan\varphi$	$\ddot{x}>0$ $\ddot{y}=\ddot{\theta}=0$ $e>0$ $\dfrac{S}{N}=\tan\varphi$	$\ddot{x}=\dfrac{h}{2}\ddot{\theta},\ \ddot{y}=-\dfrac{t}{2}\ddot{\theta}$ $e=0,\ \ddot{\theta}>0$ $\dfrac{S}{N}\leqslant\tan\varphi$	$\ddot{x}\geqslant\dfrac{h}{2}\ddot{\theta},\ \ddot{y}=-\dfrac{b}{2}\ddot{\theta}$ $e=0,\ \ddot{\theta}\geqslant0$ $\dfrac{S}{N}=\tan\varphi$
稳定 / 失稳		$\tan\alpha\leqslant\tan\varphi$ $\tan\alpha\leqslant\dfrac{t}{h}$	$\tan\alpha\geqslant\tan\varphi$ $\tan\varphi\leqslant\dfrac{t}{h}$	$\dfrac{\tan\alpha\left[1+\left(\frac{t}{h}\right)^2\right]+3\left(\frac{t}{h}\right)\left[\tan\alpha\left(\frac{t}{h}\right)+1\right]}{3\left[\tan\alpha\left(\frac{t}{h}\right)+1\right]+1\left[1+\left(\frac{t}{h}\right)^2\right]}\leqslant\tan\varphi$ $\tan\alpha\geqslant\dfrac{t}{h}$	$\dfrac{\tan\alpha\left[1+\left(\frac{t}{h}\right)^2\right]+3\left(\frac{t}{h}\right)\left[\tan\alpha\left(\frac{t}{h}\right)+1\right]}{3\left[\tan\alpha\left(\frac{t}{h}\right)+1\right]+1\left[1+\left(\frac{t}{h}\right)^2\right]}>\tan\varphi$ $\tan\varphi\geqslant\dfrac{t}{h}$

4.2.2 块体柱模型

在岩质边坡灾害中存在柱状危岩体失稳破坏。柱状岩体因自身具有较大高径比，且受结构面切割形成由多个子块堆砌的块体柱，易发生倾倒或滑动，并大多以崩塌滚石形式致灾。如图 4.5 所示，将柱状危岩体简化为块体柱模型，块体柱由 n 个块体组成，每一块体厚度 t。Aydan 等[243]已经证明块体柱以整体形式失稳，表 4.1 中的表达式同样适用于块体柱稳定和不同失稳模式的失稳条件。其中，$h = \sum_{i=1}^{n} h_i$ 为块体柱高度，h_i 为块体 i 高度。

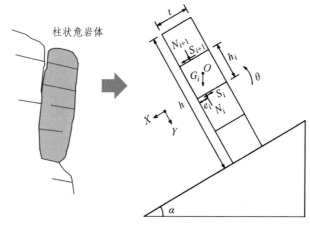

图 4.5　块体柱稳定分析

4.2.3 倾倒型边坡

如图 4.6（a）所示，倾倒型边坡由若干柱状岩块组成，且这些岩块位于倾角为 α 的阶梯状基面上。如 Hoek 和 Bray[16]所述，倾倒型边坡变形包括稳定、滑动和倾倒，对于此数学模型，滑动区块体在重力、摩擦力和块体间相互作用力下滑动，倾倒区块体在重力、力矩和块体间相互作用力下倾倒，稳定区无变形破坏。然而倾倒区块体底部摩擦力可能不足以使其左下角点静止，这将导致倾倒块体发生滑动。当然，由于相邻块体作用，滑动区块体也可能倾倒或转动，而非纯滑动。因此，倾倒边坡变形可以进一步分为稳定、滑动、倾倒和倾倒-滑动。通过考虑惯性分量，可以得到变形的动力平衡条件。图 4.6（b）给出任一块体 i 受力分析。块体 i 厚度 t_i，高度 h_i，摩擦角 φ，重力 G_i。假设块体 $i-1$、i 与 $i+1$ 是沿基面由坡脚到坡顶的块体，P_{i-1} 与 T_{i-1}、P_{i+1} 与 T_{i+1} 分别为块体 $i-1$ 和 $i+1$ 作用于块体 i 上的力，则动力平衡方程为

$$\sum F_x = G_i \sin\alpha + P_{i+1} - P_{i-1} - S_i = \frac{G_i}{g}\ddot{x}_i \tag{4.4}$$

$$\sum F_y = G_i \cos\alpha + T_{i+1} - T_{i-1} - N_i = \frac{G_i}{g}\ddot{y}_i \tag{4.5}$$

$$\sum M_{\text{Toe}} = G_i \sin\alpha \frac{h_i}{2} - G_i \cos\alpha \frac{t_i}{2} + P_{i+1}m_i - T_{i+1}t_i - P_{i-1}l_i + N_i e_i$$
$$= \frac{G_i}{g}\frac{t_i^2 + h_i^2}{3}\ddot{\theta}_i \tag{4.6}$$

式中，$S_i = N_i \tan\varphi$，S_i 和 N_i 分别为基面对块体 i 的切向力和法向力；e_i 为块体 i 左下角点与 N_i 作用位置之间的距离；$\ddot{x}_i$ 和 $\ddot{y}_i$ 分别为块体 i 重心 O_i 沿 x 轴和 y 轴的线性加速度；$\ddot{\theta}_i$ 为块体 i 转动加速度；m_i 和 l_i 与块体 i 位置有关。如果块体 i 位于坡顶线以下，则 $m_i = h_i$，$l_i = h_i - a_i$；如果块体 i 位于坡顶线处，则 $m_i = h_i - b_i$，$l_i = h_i - a_i$；如果块体 i 位于坡顶线以上，则 $m_i = h_i - b_i$，$l_i = h_i$。其中，a_i 和 b_i 分别为块体 $i-1$ 和块体 $i+1$ 作用于块体 i 的接触点与块体 i 顶部的垂直距离（图 4.6）。

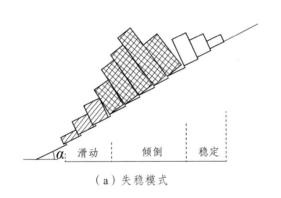

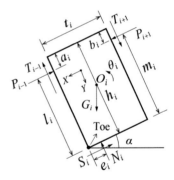

（a）失稳模式　　　　　　　　（b）边坡任一块体受力分析

图 4.6　倾倒型边坡

结合相应的边界条件，对每一块体（由上至下）逐步求解式（4.4）~式（4.6），得到不同破坏模式的极限平衡条件，列于表 4.2。通过分析坡底块体 P_0，可以判断边坡的整体稳定性。块体所处位置分为：坡顶线以下、坡顶线处和坡顶线以上。本节极限平衡条件与 Aydan 等[243]的结论类似，区别在于 Aydan 等[243]得到的极限平衡条件适用于块体位于坡顶线以下，而本节结果适用于块体处于边坡的任意位置。块体的失稳模式不仅与其几何形状和尺寸有关，而且还与其位置密切相关。如果块体所处位置不同，相邻块体对其施加的力的作用点不同，则将产生不同的合力，从而导致不同的失稳模式。

表 4.2 倾倒型岩质边坡不同破坏模式的失稳条件

条件	滑动	倾倒	倾倒-滑动
边界	$\ddot{x}_i = \ddot{y}_i = \ddot{\theta}_i = 0$ $e_i \geq 0$	$\ddot{x}_i = \ddot{y}_i = \ddot{\theta}_i = 0$ $e_i = 0$	a. 由滑动变为倾倒-滑动： $\ddot{x}_i \geq 0$, $\ddot{y}_i = \ddot{\theta}_i = 0$, $e_i = 0$ b. 由倾倒变为倾倒-滑动： $\ddot{x}_i = \ddot{\theta}h_i/2$, $\ddot{y}_i = -\ddot{\theta}t_i/2$, $\ddot{\theta}_i \geq 0$, $e_i = 0$
极限平衡	$P_{i-1} = P_{i+1} +$ $\dfrac{G_i(\sin\alpha - \cos\alpha\tan\varphi)}{1 - \tan^2\varphi}$	$P_{i-1} = \dfrac{P_{i+1}(m_i - t_i\tan\varphi)}{l_i} +$ $\dfrac{(G_i/2)(h_i\sin\alpha - t_i\cos\alpha)}{l_i}$	a. 由滑动变为倾倒-滑动： $P_{i-1} = \dfrac{P_{i+1}(m_i - t_i\tan\varphi)}{l_i} + \dfrac{(G_i/2)(h_i\sin\alpha - t_i\cos\alpha)}{l_i}$ b. 由倾倒变为倾倒-滑动： $P_{i-1} = \dfrac{G_i[\sin\alpha(3\tan\varphi h_i t_i - h_i^2 - 4t_i^2) + \cos\alpha(\tan\varphi t_i^2 - 3h_i t_i + 4\tan\varphi h_i^2)]}{4(t_i^2 + h_i^2)(\tan^2\varphi - 1) + 6l_i(t_i\tan\varphi + h_i)} +$ $\dfrac{P_{i+1}[2\tan\varphi(3m_i t_i - \tan\varphi t_i^2 - 3h_i t_i + 2\tan\varphi h_i^2) + 2(3m_i h_i - 2t_i^2 - 2h_i^2)]}{4(t_i^2 + h_i^2)(\tan^2\varphi - 1) + 6l_i(t_i\tan\varphi + h_i)}$

4.3　倾倒分析的进一步工作

4.2 节中所得到的结果考虑动力平衡条件，在岩质边坡失稳分析方面是有效的[243]，尤其适用于规则块体的失稳分析。尽管这些表达式本质上是二维分析，但其结果仍然可以与 3D DDA 结果比较，用于验证 3D DDA 计算精度。关于边坡倾倒破坏，还需开展进一步的工作。

岩质边坡受反倾非连续结构面切割，这些结构面往往具有三维空间方向和交错分布特征。因非对称断层和节理作用，块体失稳后可能发生侧向移动［图 4.7（a）］。二维分析不能定量地评估块体三维形状和地形特征对块体侧向运动过程和破坏区域的影响[229]。吴建宏等[226]通过监视器成功记录了 Amatori-nishi 岩质边坡破坏过程，发现岩质边坡破坏并非单纯的倾倒破坏，而是岩块在向下倾倒过程中伴随有左右方向的转动。也就是说，在实际边坡中，倾倒破坏表现出明显的三维空间效应。因此，开展三维倾倒分析十分必要。

不管是静力 LEM 还是动力 LEM，在分析不均匀基面倾倒破坏时，都将面临挑战。例如，图 4.7（b）所示的变角度基面。动力 LEM 是指表 4.1 和表 4.2 的边坡失稳条件。一般而言，在变角度基面上块体形状也是不规则的，块体重心和块体间的接触形式也不易确定。块体基面倾角和力的作用点会随着块体运动而不断变化，部分块体在某一时刻滑动，但在下一时刻可能倾倒或稳定，也可能三种失稳模式相互转换。因此，具有复杂基面形式和块体形状的倾倒型边坡需要进一步研究。

倾倒破坏是一个大位移和大变形且涉及复杂三维接触转换的动力过程。倾倒边坡致灾程度与岩块的动力行为息息相关。倾倒破坏启动后，坡体可能一直运动至坡底，威胁房屋和交通线路等安全。在运动过程中，由于块体之间或块体与基面之间发生接触和碰撞，块体运动状态可能有倾倒、滑动、倾倒-滑动，乃至稳定。这一过程决定倾倒块体从坡体到达坡底的状态和能量，以及破坏范围。因此，边坡失稳后的运动过程值得系统研究，这将对灾害评估和防治有重要意义。

基于以上考虑，DDA 方法可被应用于岩质边坡倾倒破坏研究。DDA 方法拥有完全动力学理论，可采用统一方程求解静力、动力问题。此外，块体单元可为任意凸体或凹体，甚至是带孔洞的多面体，也就是说，DDA 可模拟任意复杂几何特征的块体和边坡。

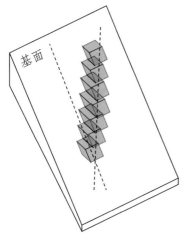

（a）交错分布

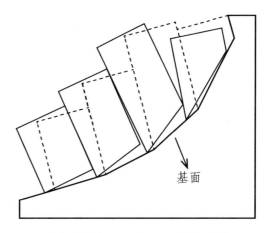

（b）变角度基面上不规则块体失稳

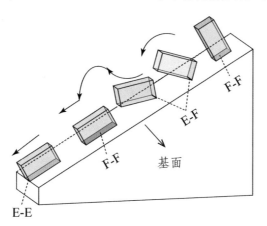

（c）块体失稳后的运动过程

图 4.7　倾倒破坏

4.4　边坡失稳模型与力学机理

4.4.1　单块体及块体柱

如图 4.8 所示，坡角为 α 的坡面上有一块体，其大小（$b \times t \times h$）为 5 cm × 5 cm × 10 cm，即 $t/h = 0.5$。考查坡角 $\alpha = 20°$、$25°$、$30°$、$35°$、$40°$、$45°$、$50°$ 等条件下块体失稳及运动情况。3D DDA 计算参数：$g = 9.8$ m/s²，$\Delta t = 0.000\ 1$ s，$\varphi = 24°$，$k_n = 1 \times$

10^5 kN/m，$k_s = 1 \times 10^4$ kN/m。分别由静力 LEM、动力 LEM 和 3D DDA 得到不同坡角下的块体失稳模式，总结于表 4.3 中。可以看出，3D DDA 与动力 LEM 计算结果一致。如果块体滑动，其位移解析的解由式（3.44）给出。由 3D DDA 和式（3.44）得到不同坡角下监测点 M 的位移-时间曲线，如图 4.9（a）所示，表明 3D DDA 结果与解析解吻合。

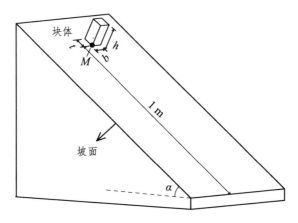

图 4.8　单块体数学模型

表 4.3　块体失稳模式

方法	$\alpha = 20°$	$\alpha = 25°$	$\alpha = 30°$	$\alpha = 35°$	$\alpha = 40°$	$\alpha = 45°$	$\alpha = 50°$
静力 LEM	稳定	滑动	倾倒-滑动	倾倒-滑动	倾倒-滑动	倾倒-滑动	倾倒-滑动
动力 LEM	稳定	滑动	滑动	滑动	滑动	滑动	滑动
3D DDA	稳定	滑动	滑动	滑动	滑动	滑动	滑动

　　将棱长为 5 cm 的立方体堆砌成不同 t/h 的块体柱，$t/h = 0.25$、0.33、0.50 和 1.00。根据表 4.1 中解析式，绘出块体柱失稳条件边界线，将平面分割成四个区域，即稳定、滑动、倾倒和倾倒-滑动。由 3D DDA 获得不同坡角和不同 t/h 条件下块体柱失稳模式，均分布于相应的区域。从表 4.3 和图 4.9（b）可以看出：与静力 LEM 相比，3D DDA 和动力 LEM 拓宽了块体失稳的纯滑动条件，但缩窄了倾倒-滑动条件。

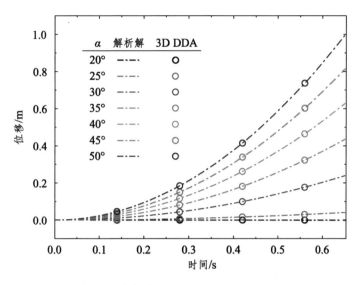

（a）不同坡角单块体监测点位移-时间曲线

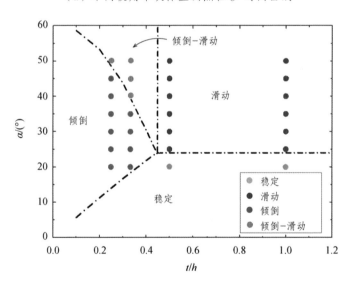

（b）块体柱失稳模式

图 4.9 斜坡上单块体和块体柱分析

4.4.2 Goodman 倾倒边坡模型

Goodman 和 Bray[244]给出一典型倾倒变形岩质边坡，开挖的边坡高度 92.5 m，坡角 56.6°，如图 4.10 所示。边坡被 60° 反倾结构面切割，形成由 16 个块体组成的块体系统，坐落在阶梯状基面上，块体 10 位于坡顶线处，坡顶面仰角为 4°。为了实现 3D DDA 分析，将图 4.10 所示的二维边坡模型扩展到三维。假设边坡宽度 $t_0 = 10.0$ m，几何和物理参数见表 4.4。通过静力 LEM、动力 LEM 和 3D DDA，得到在 $\varphi = 18°$、30°、33°、38.15°、40°、44° 和 45°等不同摩擦角下边坡失稳模式，描述如下：

（1）当 $\varphi < 30°$ 且较小时，因所有块体底部不能提供足够的摩擦力以克服滑动驱动力，所以块体系统滑动。例如，$\varphi = 18°$ 时，块体系统整体滑动。除了滑动，随着摩擦角增大，即使 $\varphi < 30°$，块体也会随之发生倾倒。可能的原因是：当 φ 接近于坡角时，较矮块体受到较高块体的挤压作用，致使发生倾倒-滑动。

（2）当 $\varphi \geqslant 30°$ 时，边坡失稳模式可以分为坡脚的滑动区、中间的倾倒区和坡顶的稳定区，这与 Goodman 和 Bray[244]所描述的一致。如图［4.11（a）］所示，给出在 $\varphi = 33°$、38.15° 和 44° 等条件下，由静力 LEM、动力 LEM 和 3D DDA 得到的代表性失稳模式。$\varphi = 44°$ 时，块体 1～2 滑动，块体 3～13 倾倒，块体 14～16 稳定。这表明三种方法的结果完全相同。然而，$\varphi = 33°$ 和 38.15° 时，动力 LEM 和 3D DDA 结果中出现倾倒-滑动，原因在于二者均考虑了块体运动动力条件和惯性力。二者结果完全吻合，且更接近实际。

（3）Goodman 和 Bray[244]指出，如果 $\varphi = 38.15°$，边坡趋于极限平衡状态。因此，此处分析了 $\varphi = 38.15°$的边坡失稳模式。当 $\varphi = 38.15°$ 时，3D DDA 边坡初始失稳模式与动力 LEM 相同，即块体 1～3、块体 4～13、块体 14～16 分别处于滑动、倾倒和稳定状态［图 4.11（b）］。然而，随着滑动区块体滑动位移的增加，倾倒块体的转动角快速增加，且以较大的角加速度转动［图 4.12（a）］。此外，由于滑块 3 底部与基面有较大摩擦力，又因块体 3 与 4 之间逐渐形成边-面接触，块体 4 对块体 3 有较大挤压力，引起块体 3 产生较大转动力矩。因此，在边坡变形过程中，滑块在初始滑动之后可能发生倾倒。

（4）在倾倒破坏之初，倾倒块体与其基面间的边-边接触是不稳定的。因此，倾倒块体在其转动过程中会向下错动。换言之，倾倒变形不单是纯倾倒，而且会伴随滑动。这一论述与静力 LEM 不同，但与实际地质工程中所观察到的倾倒块体与基面间的错位现象是一致的。

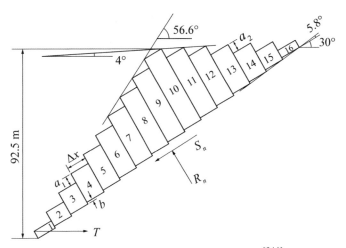

图 4.10　Goodman 倾倒边坡数学模型[244]

表 4.4　三维边坡模型几何和物理参数

参数	取值
a_1 / m	5.0
a_2 / m	5.2
b / m	1.0
Δx / m	10.0
容重 /（kN/m³）	25.0
重力加速度 /（m/s²）	10.0
法向弹簧刚度 /（kN/m）	8.0×10^5
切向弹簧刚度 /（kN/m）	4.0×10^5
时间步长 /s	0.000 5

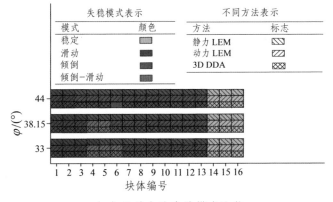

（a）三种方法失稳模式比较

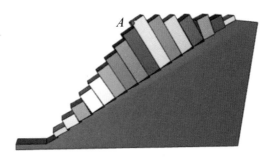

（b）摩擦角 $\varphi = 38.15°$ 下失稳模式

图 4.11　Goodman 倾倒边坡失稳模式分析

为了进一步研究边坡破坏过程，图 4.12（b）绘出 3D DDA 不同摩擦角下块体 10 监测点 A 的位移-时间曲线。当 $\varphi = 18°$ 时，在 $t = 0.5$ s 前，位移曲线是抛物线，因为所有块体底部都不能提供足够的摩擦力来保持其稳定，整个边坡处于滑动状态。当 $\varphi = 30°$ 和 33° 时，除了块体 14 ~ 16 稳定外，其他块体均发生较大位移，且两摩擦角下边坡分别在 $t = 3.33$ s 和 3.34 s 后趋于稳定。当 $\varphi = 38.15°$、40° 和 44° 时，块体系统发生较小位移后，即很快趋于稳定。随着摩擦角增大，达到最终稳定的时间和位移均减小。例如，当 $\varphi = 45°$，在 $t = 0.24$ s 时，监测点位移才达到 0.001 9 m，边坡达到极限平衡状态，此时的摩擦角大于静力 LEM 得到的临界摩擦角 $\varphi = 38.15°$。造成这一差异的可能原因有两点：① 倾倒破坏的块体不是纯倾倒，而是其转动棱（轴）也发生滑动（即倾倒-滑动），且边-边和边-面接触是不稳定的，静力 LEM 高估了倾倒边坡的稳定能力；② 3D DDA 是动力方法，在迭代计算中，当前时步的速度继承了前一时步的速度，惯性力对总体刚度矩阵的作用不可忽略。实际上，倾倒破坏是一个动力运动学过程，与静力 LEM 相比，3D DDA 在分析倾倒破坏方面更有意义。

从破坏过程可以看出，变形模式的转化易受接触形式转换的影响。边坡坡脚和中部的块体分别开始滑动和倾倒，可能也有倾倒-滑动，块体间产生裂缝并逐渐扩大，倾倒块体间的面-面接触转换成边-面接触。随着滑动区块体的滑动，倾倒区块体的位移和转动角增加，但块体间的裂缝却减小了，直至面-面接触得到恢复，增加了块体间的接触面积。当块体基面和块体之间的摩擦力大于滑动力时，边坡趋于静止，倾倒边坡由失稳恢复至稳定。在许多实际倾倒边坡中，可以观察到大量的表面位移和形成的张裂缝，在勘探平硐中可以看到倾倒变形块体底部与基岩因有较大位移而产生的层间错动[179]，但并没有引起最终破坏和形成边坡灾害，这些现象与本节的结果相吻合。此外，关于 3D DDA 倾倒失稳破坏模拟分析，在第 7 章和第 8 章还有大量验证。

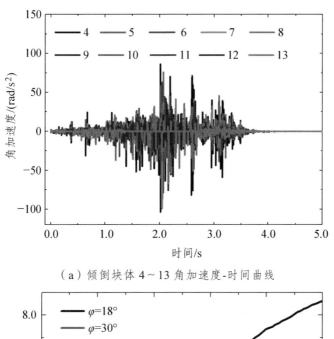

（a）倾倒块体 4~13 角加速度-时间曲线

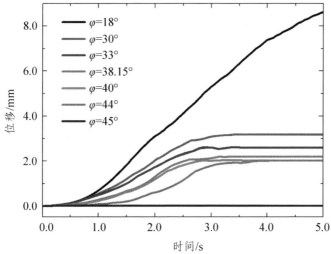

（b）不同摩擦角下监测点 A 位移-时间曲线

图 4.12　Goodman 倾倒边坡角加速度与位移分析

4.5　山坡岩体失稳破坏分析

如 4.3 节所述，当滑坡体（或块体）位于变角度基面上时，采用解析方法分析块体稳定性存在困难，尤其是难以给出整个破坏过程。为了研究变角度基面对倾倒变形失稳的影响，本节分析了弧形基面边坡。图 4.13（a）给出一理想山体的横截面，其破坏面为一弧形基面。从几何角度看，该山体是圆 O_1 的一部分，破坏区域是圆 O_1 和 O_2 的交集，坡面和破坏面（基面）分别是来自圆 O_1 和 O_2 的圆弧。坡高为 h，α 和 β 分别为整个边坡的平均倾角和反倾结构面的倾角。边坡宽 t_0，由 15 个等厚的块体组成，相关的几何参数见图 4.13（a），计算参数同 4.4.2 节。

表 4.5 描述了摩擦角不同取值范围的块体系统的运动状态，其中，在 $t = 1.0\ \mathrm{s}$ 和 $2.0\ \mathrm{s}$ 两时刻，代表性摩擦角 $\varphi = 17°$、$20°$、$27°$ 和 $35°$ 下块体系统的变形情况见表 4.6。从块体系统运动过程可以看出，滑动总是伴随着转动或倾倒发生。对于弧形基面上的块体系统，每个块体的形状都是不规则的，随着块体的运动，块体底部坡角和块体之间的接触类型都是不断变化的，且块体系统的内应力总是随着块体底部坡角的变化而重新分布。3D DDA 程序可以模拟块体系统这一复杂的全过程。

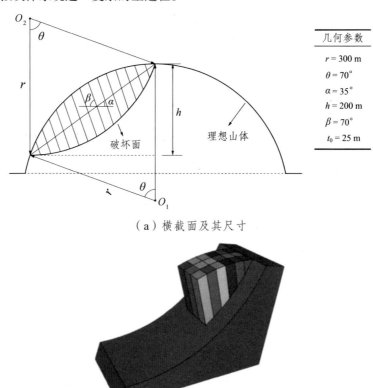

几何参数
$r = 300$ m
$\theta = 70°$
$\alpha = 35°$
$h = 200$ m
$\beta = 70°$
$t_0 = 25$ m

（a）横截面及其尺寸

（b）3D DDA 模型

图 4.13　理想山坡模型

表 4.5　理想山坡失稳破坏及运动状态

摩擦角/(°)	破坏及运动状态
0 ~ 17	整体滑动
18 ~ 20	首先，整体滑动；接下来，仅坡顶和坡脚块体滑动；最后，边坡中间区域的块体转动，直到倾倒
21 ~ 27	首先，整体有较小滑动；接下来，随着相应块体底部坡角变化和惯性力作用，处于滑动的大部分块体快速倾倒，即坡顶块体滑动，坡脚块体被挤压而转动，中间块体倾倒。随着摩擦角的增大，由于面-面接触和块体间的相互约束，虽然边坡发生了明显变形，但摩擦力足够大，足以使块体系统趋于稳定
28 ~ 35	发生小位移之后，整体稳定

表 4.6　坡体变形

时间	$\varphi = 17°$	$\varphi = 20°$	$\varphi = 27°$	$\varphi = 35°$
1 s	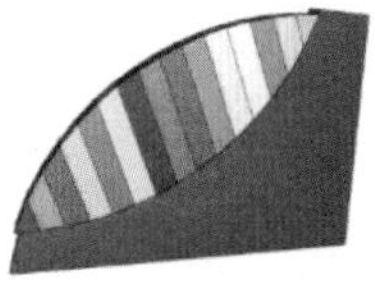		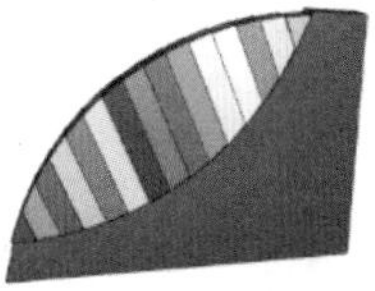	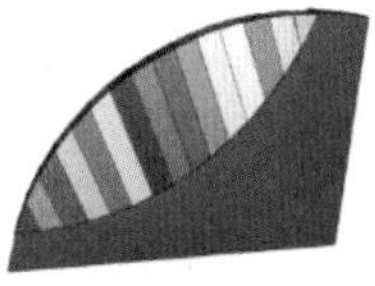
2 s	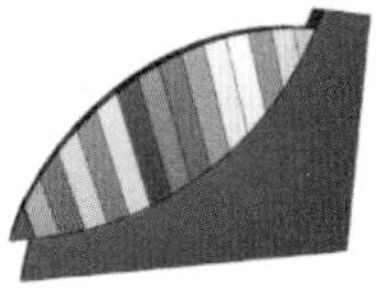	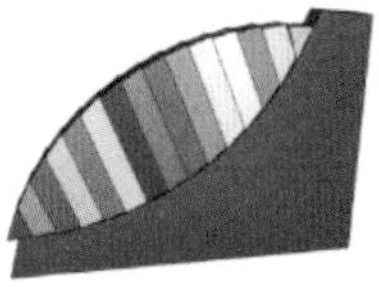	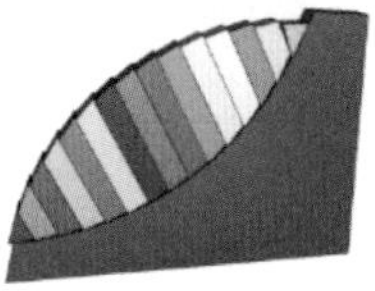	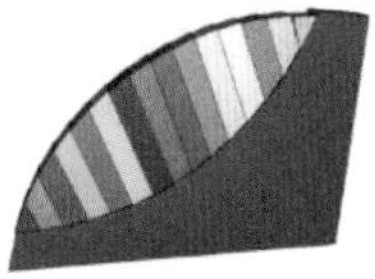

增加图 4.13（a）所示的坡面宽度，来研究弧形基面边坡倾倒的三维变形特征。如图 4.13（b）所示，多排块体系统位于弧形基面上，不同摩擦角下的运动状态列于表 4.7。块体系统不易稳定，随着摩擦角增大，倾倒块体的侧向失稳也更加明显。如果摩擦角很小（如 $\varphi \leqslant 30°$），则块体系统仅滑动而无倾倒，无明显侧向移动。如果摩擦角增大（如 $\varphi = 31° \sim 55°$），则块体系统前缘的较高块体在滑动之后倾倒，块体系统后缘的较矮块体可能一直滑动或在某一时刻稳定于坡面。在坡底，前缘块体倾倒，且向边坡两侧倾倒，而不是仅沿坡向运动。也就是说，通过此例，可以观察到侧向倾倒现象。总之，块体系统初始失稳是对称的且侧向运动不明显，但随着失稳运动的发展，块体系统变形变得不对称，且块体运动模式可能变得紊乱。显然，弧形基面上块体系统的失稳模式还与其他因素有关，特别是反倾结构面倾角和块体底部相应的坡角变化规律，这些因素均可在后续工作中使用 3D DDA 方法进行研究。

表 4.7　弧形基面上多排块体系统运动状态

时间	$\varphi = 30°$	$\varphi = 35°$	$\varphi = 40°$	$\varphi = 45°$	$\varphi = 50°$	$\varphi = 55°$
3 s	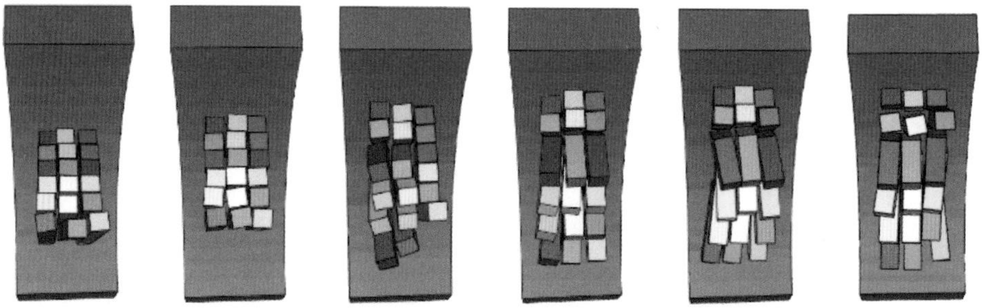					
5 s	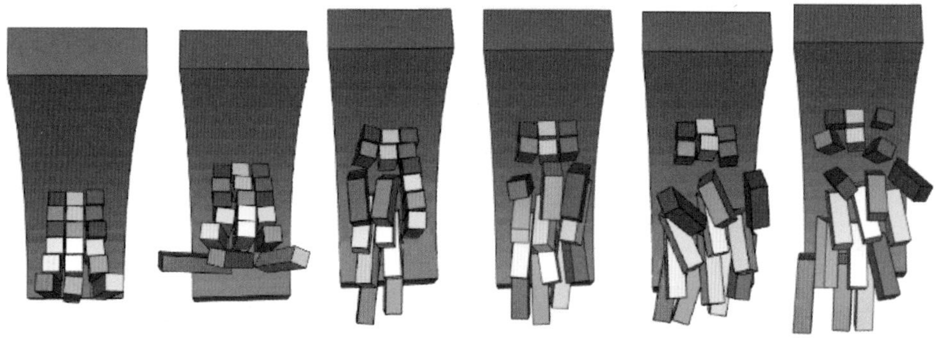					

4.6　工程实例

　　苗尾水电站[245]位于云南省云龙县旧州镇境内澜沧江河段上，其右岸坝前边坡为典型反倾层状岩质边坡。因边坡倾倒变形明显，稳定性差，对水电站的施工和运营安全构成了威胁。监测点 D01 照片如图 4.14（a）所示，现象表明一些块体已经有倾倒破坏趋势。取图 4.14（a）所示的计算区域，建立边坡三维模型，如图 4.14（b）所示。在边坡模型顶部，由于非连续结构面切割作用，危岩体发生倾倒破坏。主要的非连续结构面产状（如倾向/倾角）分别为 30°∠28°、5°∠82° 和 66°∠87°。平均摩擦角 25°，3D DDA 人为控制参数：$\Delta t = 1 \times 10^{-6}$ s，$k_n = 1 \times 10^4$ kN/m，$k_s = 1 \times 10^3$ kN/m。

（a）监测点 D01 照片[245]

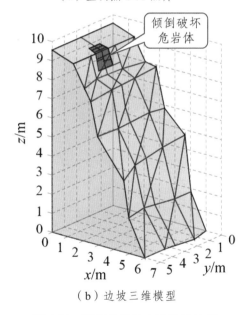

（b）边坡三维模型

图 4.14　苗尾水电站右岸坝前边坡

　　边坡倾倒破坏过程如图 4.15 所示。沿坡向，图 4.15（a）给出危岩体在初始状态时的右视图、左视图、非连续切割、块体分布和块体编号等。首先，在上部块体 $I \sim N$ 的压力作用下，由于摩擦力不足以抵抗块体与母岩间的滑动驱动力，块体系统发生滑移，且上部块体的滑移滞后于下部块体 $A \sim H$ [图 4.15（b）]。紧接着，块体 A 和 B 继续滑动，且速度增加，这将引起块体 C 和 D 的倾倒 [图 4.15（c）]。块体 A 和 B 很快从母岩分离，块体 C 和 D 出现临空面且趋于完全倾倒，整个块体系统的变形加速 [图 4.15（d）]。随着块体系统的变形，下部块体 $E \sim H$ 绕坡向法线方向转动，并相继发生倾倒 [图 4.15（e）]。最后，除块体 H 外，所有块体均以滚石形式向坡底运动，引发岩崩危害 [图 4.15（f）]。尽管块体 H 没有下落，但它处于欠稳定状态，在降雨或人为扰动等作用下，可能会形成次生岩崩灾害。因此，需要及时清除或防护。从图 4.15（b）～（e）可以看出，块体系统的变形主要是由下部块体的滑动和倾倒引起的，而上部块体几乎是随着下部块体的运动而移动。

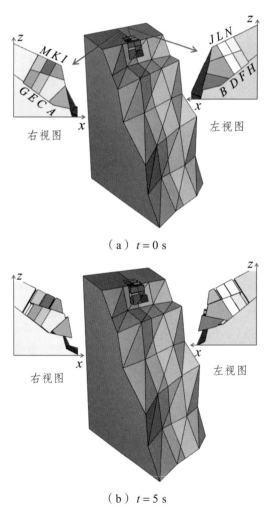

（a）$t = 0$ s

（b）$t = 5$ s

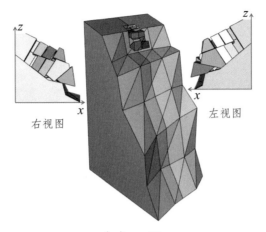

（c）$t = 10$ s

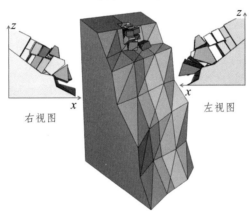

（d）$t = 15$ s

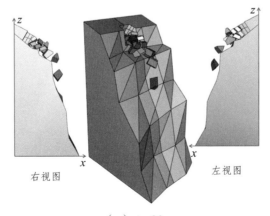

（e）$t = 20$ s

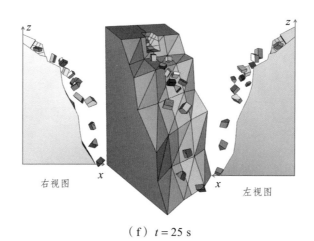

（f）$t = 25$ s

图 4.15　边坡倾倒破坏过程

　　假设非连续面摩擦角增大，边坡的破坏是可以避免的。如果摩擦角增至 28°，则边坡仅有较小变形，且最终实现自身稳定；如果摩擦角增至 30°，则边坡无任何变形。但在降雨条件下，由于入渗作用，渗透力增大，改变平衡状态，从而引起边坡破坏。因此，在后续的研究中，需要进一步改进 3D DDA 方法，对降雨条件下岩质边坡失稳进行分析。

CHAPTER 5

边坡滚石平台
防护作用

　　滚石被动防护措施主要包括落石槽、滚石平台、拦石墙等。它们施工方便，但一般又要求与坡脚存在足够的距离。例如，当采用拦石墙时，须在坡脚与墙体之间留有适当的滚石平台，才能更好地发挥防灾作用。黄润秋和刘卫华[103]通过现场试验，发现坡底平台可阻碍滚石运动，对滚石起到停积作用。然而，平台对滚石灾害防护作用有多大？平台宽度设置为多少？在这些方面的研究目前还较少。同时，平台对滚石动能和运动轨迹的影响仍需进一步研究。本章基于 3D DDA 方法，阐述 3D DDA 模型输出，即滚石动能和运动轨迹输出，并与现有试验对比，验证 3D DDA 方法输出的准确性；研究不同坡高、坡角、折点位置等条件下，滚石平台对滚石运动规律的影响及其对滚石灾害的防护作用，并采用工程实例，分析复杂地形特征下滚石平台的防灾作用。

5.1　边坡滚石重要研究指标

　　在滚石灾害预测和防护中，滚石动能和轨迹是两个重要的参考指标[241]。动能是滚石能量的主要部分，可描述滚石在不同时刻的能量增加或损失，以及到达防护位置的冲击能；轨迹可描述滚石在不同时刻的位置（包括侧向偏移）、弹跳高度及着落点距坡脚距离等信息。二者可为防护设施的选型、最佳位置、尺寸及强度设计等提供依据。接下来，将着重描述 3D DDA 模型动能和轨迹输出。

5.1.1　滚石动能

　　从母岩分离下来的滚石，粒径大小从几厘米到几米，甚至十几米不等，有的滚石质量高达几百吨，冲击速度高达几十米每秒，具有高速、高能等特点，对坡上与坡底的建筑有很强的冲击破坏能力。滚石沿坡面向下运动，是一个由重力势能向动能和其他形式能量转化的过程。其他形式能量即为滚石滚落过程所损失的能量，如因碰撞、摩擦和空气阻力而损失的能量。对于边坡防护而言，滚石能量损失越多，到达坡底的动能越小。动能演进过程是滚石能量分析的重点。滚石动能（E_k）由平动动能（E_{kt}）和转动动能（E_{kr}）组成，即

$$E_k = E_{kt} + E_{kr}$$

（5.1）

若滚石简化为质量均匀分布的球体，且在运动过程中无破碎，则有

$$E_{kt} = \frac{1}{2}mv^2 = \frac{1}{2}m(v_x^2 + v_y^2 + v_z^2) \tag{5.2}$$

$$E_{kr} = \frac{1}{2}J\omega^2 = \frac{1}{2}J(\omega_x^2 + \omega_y^2 + \omega_z^2) \tag{5.3}$$

$$J = J_x = J_y = J_z = \frac{2}{5}mr_b^2 \tag{5.4}$$

式中，m 和 r_b 分别为滚石的质量和半径；v_x、v_y 和 v_z 分别为滚石平动速度 v 沿 x、y 和 z 轴的分量；ω_x、ω_y 和 ω_z 分别为滚石角速度 ω 绕 x、y 和 z 轴的分量；J_x、J_y 和 J_z 分别为滚石转动矩 J 绕 x、y 和 z 轴的分量。

假设碰撞过程中，被碰撞实体（如树木）保持静止和完整。总动能损失 ΔE_k 是碰撞前后能量耗散的重要参考指标。它可以写成

$$\Delta E_k = E_{kbefore} - E_{kafter} \tag{5.5}$$

式中，$E_{kbefore}$ 和 E_{kafter} 分别是碰撞前后的总动能。

5.1.2 滚石运动轨迹

滚石运动轨迹是能量转化的外在体现。滚石坠落，在空中仅受重力作用（若不计空气阻力），运动轨迹处于竖直平面当中。当滚石与坡面或树木碰撞时，由于两者的接触作用，使得滚石反弹，运动方向发生变化，产生新的抛物线型轨迹。此过程可多次发生，并转化成滚动、滑动等混合运动。DDA 作为块体系统完全动力学计算方法，可模拟滚石复杂的运动行为和运动特征。

对于运动轨迹的计算，最重要的是获取每一时步滚石的位移（平移、转动）、变形和位置信息。引入初始条件，在 DDA 每一时步求解总体平衡方程，获得滚石的位移和变形，进而得到滚石新的位置和几何特征等信息，并记录到中间结果文件中；根据研究需要，每隔若干时步提取一次中间结果文件中的数据；使用 AutoLISP 语言，将提取的数据输入到 AutoCAD 中，可直观地绘制出滚石的运动轨迹。滚石运动轨迹输出流程如图 5.1 所示。基于滚石运动轨迹，可得到滚石到达平台的着落点坐标，从而计算平台的设计宽度 w，即

$$w = b_{max} + b \tag{5.6}$$

式中，b_{max} 为滚石到达平台的着落点与坡脚的距离；b 为滚石平台宽度的安全值，一般取 1 m。

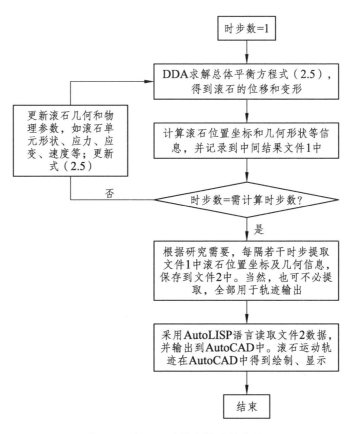

图 5.1　滚石运动轨迹输出流程图

5.2　滚石动能与轨迹验证分析

　　滚石运动过程中，多种运动形式并存，且互相转化。处于滚动的滚石遇到岩石露头等障碍，因接触碰撞而弹跳，在空中运动后又落回坡面，又可能再次发生回弹、飞跃。这一过程，滚石动能和运动轨迹发生急剧变化，是滚石研究的重点。3D DDA 可充分考虑滚石与坡面的几何特征和接触关系，是研究任意形状块体动力位移和变形的有效工具。为了验证 3D DDA 分析滚石动能和运动轨迹的准确性，本节采用室内模型试验[57]与 3D DDA 模拟结果进行比较分析。

　　室内模型边坡由混凝土制成，几何尺寸如图 5.2 所示，选用质地坚硬且近似球状的鹅卵石为滚石。滚石密度 $2.61 \times 10^3 \, \text{kg/m}^3$，质量 44.8 g，摩擦角 10°。文献[57]中将滚石滚落 50 次，并与数值软件 Rocfall 50 次模拟结果相比较，二者轨迹近似，如图 5.3 所示。在 3D DDA 计算中，采用 3 种块体来模拟滚石，分别为正十二面体、正二十面体、近似球体。其中近似球体经线和纬线条数（$m \times n$）分别为 4×4、5×5、6×6、7×7，依次命名为近似球体 1、近似球体 2、近似球体 3、近似球体 4。3D DDA 边坡模型如图 5.4 所示。如图 5.3 所示，3D DDA 得到了 6 个滚石的 6 条运动轨迹，均可在滚石试验和 Rocfall 模拟中找到相吻合的若干条轨迹。但这 6 条运动轨迹各不相同，主要原因是滚石形状不同，即滚石形状是影响滚石运动轨迹的原因之一。不过这 3 种滚石形状规则，接下来，考查两个任意形状的凸体和凹体的块体运动情况，保持密度和质量不变，运动轨迹如图 5.3 所示。

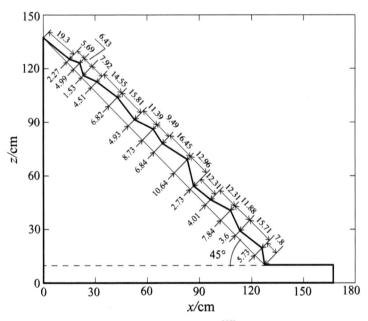

图 5.2　室内模型边坡几何尺寸[57]（单位：cm）

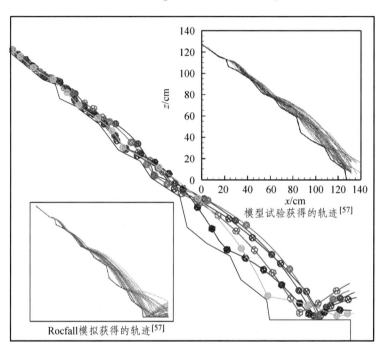

图 5.3　滚石运动轨迹比较

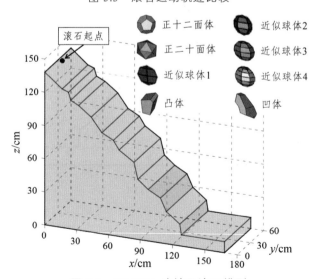

图 5.4　3D DDA 边坡及滚石模型

根据文献[57]，将此模型边坡放大 10 倍，滚石质量增加到 10 kg，分析滚石的动能变化。如图 5.5 所示，3D DDA 程序与 Rocfall 数值模拟软件得到的滚石总动能演进趋势基本相同，动能的每一次衰减都代表着滚石与坡面的碰撞。每一次碰撞后，3D DDA 滚石总动能的衰减较 Rocfall 更加明显。图 5.5 亦给出了由 3D DDA 计算的滚石平动动能和转动动能的演进过程，可知平动动能与总动能在数值上大小接近且变化趋势一致，而转动动能占总动能的比例很小。3D DDA 可以考虑滚石形状，而不像 Rocfall 等其他数值软件仅将滚石简化为质点，这是 3D DDA 研究滚石运动规律的优势之一。

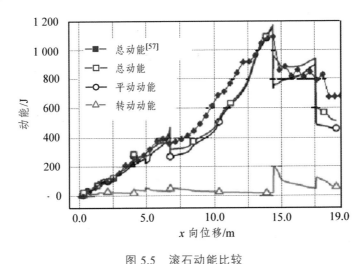

图 5.5　滚石动能比较

5.3　滚石平台防护作用算例分析

滚石平台的防护作用受边坡特征、平台表面条件和滚石自身特点等综合因素影响。黄润秋和刘卫华[103]通过一系列滚石试验，分析了滚石质量、形状、进入平台时的初始速率及平台表面粗糙度对滚石在平台上停留位置和阻力系数的影响。实际工程中，平台设置与边坡特征密切相关。边坡特征主要概括为：坡高、坡角、坡形。本节建立坡角为 α、坡高为 h 的 3D DDA 边坡模型，如图 5.6 所示，以研究不同边坡特征下平台对滚石灾害的减灾作用。滚石由静止开始运动，界面间摩擦角 $\varphi = 40°$，$\rho = 2\,500\ \mathrm{kg/m^3}$，$\Delta t = 0.001\ \mathrm{s}$，$g = 9.8\ \mathrm{m/s^2}$，$k_\mathrm{n} = 1 \times 10^5\ \mathrm{kN/m}$，$k_\mathrm{s} = 1 \times 10^4\ \mathrm{kN/m}$。滚石平台一般设置于坡脚与拦挡结构（如拦石墙）之间，但因自然条件和公路宽度影响，平台宽度有一定限制。在图 5.6 中，公路与平台宽度合计为 8.5 m。将不同边坡特征的每一种工况计算 50 次，得到相应的平台设计宽度平均值。

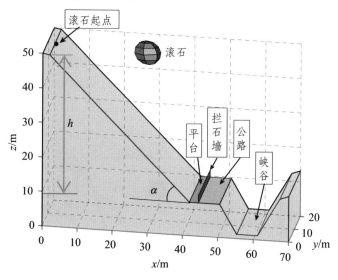

图 5.6   3D DDA 边坡模型

5.3.1   不同坡高

在坡角 $\alpha = 45°$ 情况下，取不同坡高 $h = 20 \sim 60$ m，每隔 5 m 计算一次。图 5.7 给出其中 5 个有代表性的滚石动能演进过程和运动轨迹。图 5.7（a）表明平台对滚石动能起到显著衰减作用，有利于坡底防护和减小对结构设施的冲击作用。坡高越大，滚石起始时刻的重力势能越大，到达坡底的动能越大，但其明显小于重力势能，原因是滚石与坡面碰撞损失了大量的能量。如坡高 $h = 60$ m 时，最大动能仅接近于 $h = 50$ m 时的最大动能，滚石到达坡底前与坡面碰撞，随后又立即与平台碰撞，动能损失较多。图 5.7（b）表明平台明显改变滚石运动轨迹，根据滚石运动轨迹可以获得滚石到达平台的着落点位置，由式（5.6）得到滚石平台的设计宽度。每一坡高计算 50 次，进而得到平台设计宽度平均值。平台设计宽度（平均值）总体趋势为：随坡高的增大而增大。在自然和施工条件允许的情况下，平台宽度可适当增大，滚石将在平台上多次弹跳，减小滚石动能，从而降低对拦挡结构的强度和尺寸要求。若条件有限，平台宽度增大，可能占用公路宽度，因此，平台宽度有一定限制。滚石与平台碰撞后产生的弹跳有所不同，这与其在坡面上的运动状态和起跳点（即到达坡底前，滚石与坡面碰撞点）密切相关。一般滚石平台需与拦挡结构配合使用，有关拦挡结构的设计需进一步研究。

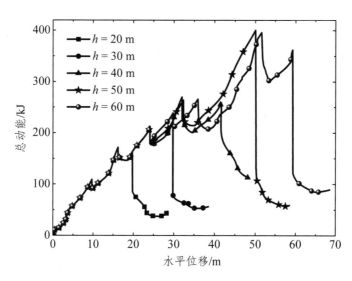

（a）动能演进过程

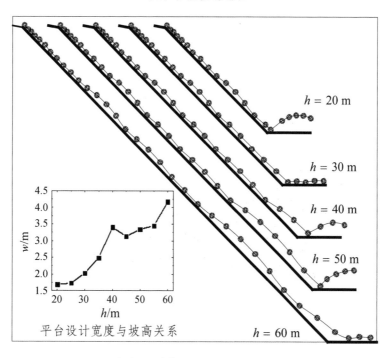

（b）运动轨迹及平台设计宽度

图 5.7 不同坡高滚石运动分析

5.3.2 不同坡角

当坡高 $h = 40$ m 时，取不同坡角 $\alpha = 20° \sim 85°$，每隔 5° 计算一次。其中 7 个有代表性的滚石动能演进过程及相应的运动轨迹如图 5.8 所示。随着坡角增大，滚石运动轨迹逐渐发生变化。当 $\alpha < 50°$ 时，滚石滚动、滑动、弹跳三种状态不断转化，其中弹跳次数较为频繁，且幅度较小，动能耗散较多，到达平台的动能较小；当 $\alpha = 50° \sim 70°$ 时，滚石起初以滑动和滚动为主，最后以弹跳状态进入平台；当 $\alpha > 70°$ 时，滚石趋近于自由落体状态，对平台冲击作用很大，且碰撞后趋于竖直向上反弹，弹跳位移很大，不利于防护结构布置，可在相应位置开挖落石槽，以降低弹跳高度，便于拦挡。如图 5.8（b）所示，平台设计宽度（平均值）随着坡角增大的变化趋势为：增大—减小、增大—减小、再增大—减小。从运动轨迹上看，随着坡角增大，滚石与平台碰撞后弹跳高度增大；从动能上看，随着坡角增大，滚石到达平台的总动能增大，平台对滚石动能衰减作用增大。因此，坡角较小的边坡，有利于在平台宽度外布置拦石墙等防护设施。而且，从运动时间角度看，坡角减小，滚石到达坡底的时间增长，有利于坡底过往车辆的快速撤离。

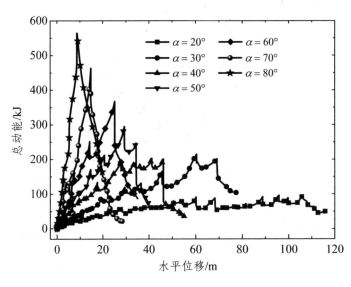

（a）动能演进过程

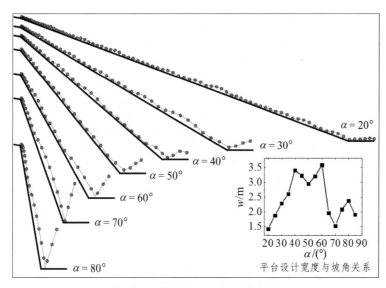

（b）运动轨迹及平台设计宽度

图 5.8　不同坡角滚石运动分析

5.3.3　不同坡形

坡形是坡面的几何形态，它在自然界中的复杂断面可简化为有多个折点的折坡。在前文基础上，本节采用坡高 $h = 40$ m、坡角 $\alpha = 45°$ 的单折点折坡研究平台对滚石的防护作用。首先，分析上陡下缓边坡。取折点距坡底高度 $h' = 5 \sim 35$ m，每隔 5 m 得到一种坡形，滚石沿边坡的动能变化和运动轨迹如图 5.9 所示。可以得出，当 $h' = 5 \sim 15$ m 时，滚石未落到坡底平台及公路上，而直接落入峡谷中，虽然动能很大，但不会对交通线路产生威胁；当 $h' = 20 \sim 35$ m 时，坡底平台使滚石动能衰减，其平台设计宽度（平均值）随折点高度先增后减，与拦挡结构配合使用可起到边坡防护作用。

同样地，取折点距坡脚水平距离 $d = 5 \sim 35$ m，分析上缓下陡边坡，滚石运动轨迹及动能变化如图 5.10 所示。可以得出，当 $d = 5$ m 时，滚石落入峡谷，不与交通线路碰撞；当 $d = 10 \sim 35$ m 时，平台使滚石动能显著减小，平台设计宽度（平均值）随折点水平距离先减后增。对于 $d = 10$ m、15 m 的情况，平台设计宽度分别为 7.9 m 和 6.1 m，平台过宽，致使公路狭窄，不利于交通运输，因此这种情况不宜使用平台及拦石墙等防护结构，可采用棚洞等遮挡建筑物进行防护。从折坡分析中可以看出，并非所有滚石都会落到平台或公路上，而是可能直接落入峡谷中，某些防护设施也可能起不到防护作用。

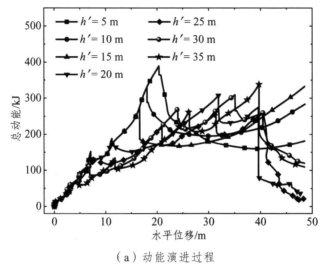

（a）动能演进过程

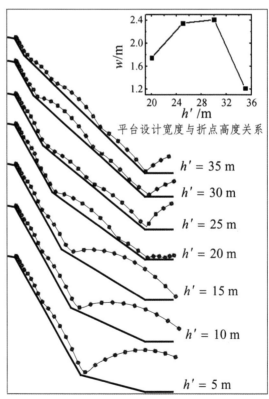

（b）运动轨迹及平台设计宽度

图 5.9　折点不同高度滚石运动分析

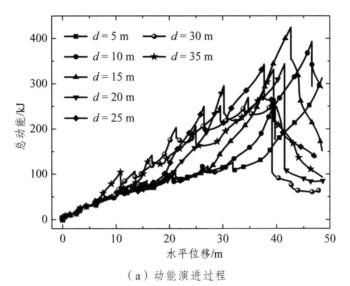

（a）动能演进过程

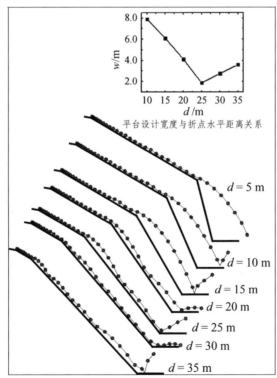

（b）运动轨迹及平台设计宽度

图 5.10 折点不同水平距离滚石运动分析

5.4 工程实例

本节分析西藏自治区朗村滚石边坡实例，研究滚石平台的防护作用。朗村滑坡[246]位于 G318 国道工布江达县城以西，公路南侧，尼洋河右岸，里程桩号 K4361+700，地理坐标：经度 E93°13′52.90″，纬度 N29°53′0.91″。滑坡前缘公路高程约 3 420 m，后缘高程约 3 500 m。2009 年 8 月发生滑坡，造成交通瘫痪，已经清理。滑坡之后，原有边坡又形成新的高陡边坡［图 5.11（a）］，坡度约为 60°，基岩裸露，坡顶存在危岩体，岩性以砂质板岩为主，岩层产状 10°∠25°，局部产状不稳定。在降雨、冻胀、地震、人为因素等作用下，可能再次发生崩塌滚石灾害。边坡三维模型如［图 5.11（b）］所示。3D DDA 计算参数同 5.3 节。图 5.12（a）~（c）分别给出危岩体初始状态、失稳后与母岩分离的滑动状态，以及沿坡面的运动状态。图 5.12（d）~（f）分别给出无拦挡结构、有拦挡结构无平台、有拦挡结构有平台三种情况下滚石的最终状态。可以看出，无拦挡结构时，滚石运动经过公路，严重威胁坡底行人和车辆；有拦挡结构无平台时，滚石大部分被拦截，小部分经过公路；有拦挡结构有平台时，滚石系统全部被拦截，避免了滚石灾害发生。可见，平台对滚石灾害具有较强的防护作用，尤其是与拦挡结构联合使用，可以大大减少滚石灾害的发生并减轻对行人和车辆的伤害。

（a）朗村滑坡[246]

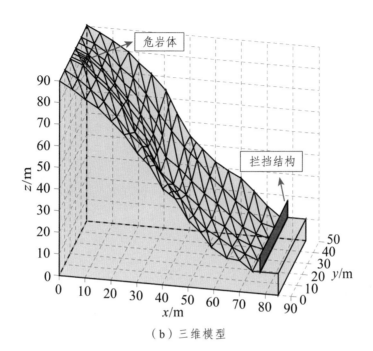

（b）三维模型

图 5.11　西藏自治区 G318 国道 K4361+700 典型边坡

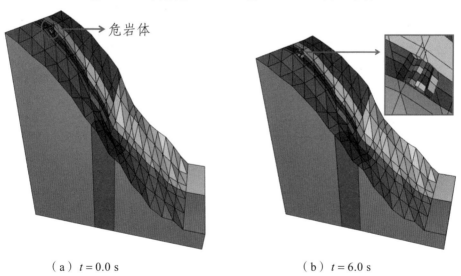

（a）t = 0.0 s　　　　　　　　　　（b）t = 6.0 s

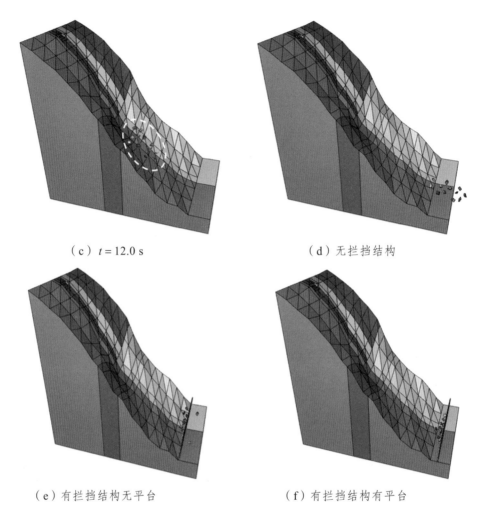

（c）$t = 12.0$ s   （d）无拦挡结构

（e）有拦挡结构无平台   （f）有拦挡结构有平台

图 5.12　危岩体失稳运动过程及最终状态

CHAPTER 6

边坡滚石树木
阻挡效应

　　滚石边坡可能有树木生长，运动的滚石系统在与树木碰撞后，可能停止或被冲散，从而避免或减轻对坡底结构物的集中冲击破坏。可以说，树木是防止滚石灾害形成的自然防护结构。国外学者 Dorren 等[51, 80]将现场试验和数值模拟相结合，评价了森林对滚石的防护作用，取得了有一定参考价值的成果。国内学者黄润秋等[104]在现场试验中指出，危岩体失稳后从陡崖下落后将在缓坡段运动，此时树木对其有良好的阻挡效应，可以考虑这种效应，在植树造林时合理设置树木的间距、排列方式等。然而，树木对多个滚石的阻挡效应，例如垂直于滚石运动方向的树木分布，是一些二维方法无法模拟的。因此，本章利用 3D DDA 方法，在数值上开展树木对滚石阻挡效应的研究。本章基于 3D DDA 方法，阐述 3D DDA 模型输出，即滚石动能和运动轨迹输出，并与现有试验对比，验证 3D DDA 方法输出的准确性，总结考虑树木阻挡效应的滚石运动基本形式和碰撞类型，指出树木布置对滚石运动的主要影响因素，分析大量数值算例的计算结果，研究树木对滚石的阻挡效应。

6.1　考虑树木阻挡效应的滚石运动

6.1.1　运动形式

　　图 6.1 为考虑树木阻挡效应的滚石的一般运动过程，可视为四种基本运动的组合：自由落体、滑动、滚动和碰撞弹跳。然而，由于滚石与坡面或滚石与树木的碰撞，自由

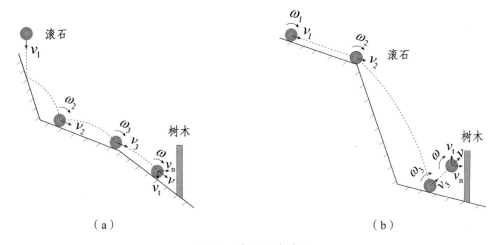

（a）　　　　　　　　　　　　　　　　（b）

图 6.1　滚石运动过程

落体通常以斜抛的形式表现出来。类似 3.4 节，本节也将这四种运动，还包括斜抛运动，视为滚石的基本运动形式。基本运动形式，即自由落体（或斜抛）、滑动、滚动和碰撞弹跳，或它们的混合形式，对滚石动能和运动轨迹的变化有显著影响，特别是因碰撞而产生的弹跳。沿边坡运动的滚石与树木碰撞后，可能逐渐趋于稳定，或以相对碰撞前较小的动能离开树木。也就是说，树木对滚石运动的影响不可忽略，需要研究树木阻挡作用机理。

6.1.2 碰撞类型

考虑树木阻挡效应的滚石碰撞主要分为六种基本类型：① 滚石与坡面 [图 6.2（a）]；② 滚石与树木 [图 6.2（b）]；③ 滚石与树 1 + 树 2 [图 6.2（c）]；④ 滚石与滚石 [图 6.2（d）]；⑤ 滚石与滚石 + 树木 [图 6.2（e）]；⑥ 滚石与坡面 + 树木 [图 6.2（f）]。这六种基本类型对滚石的动能耗散和运动轨迹变化起着关键作用。

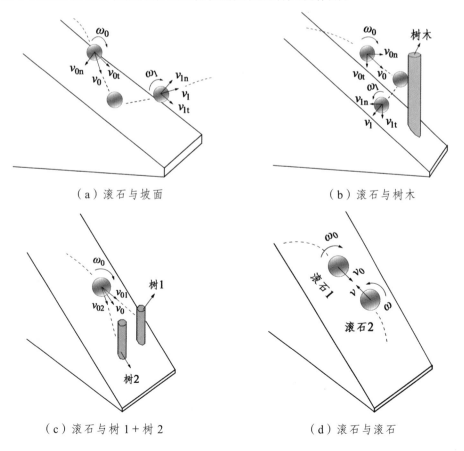

（a）滚石与坡面　　　　　　　　　　（b）滚石与树木

（c）滚石与树 1 + 树 2　　　　　　　（d）滚石与滚石

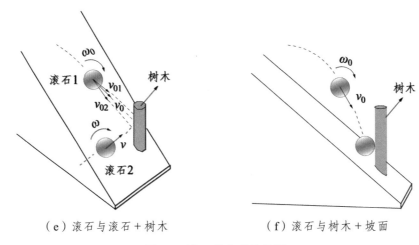

（e）滚石与滚石＋树木　　　　　　（f）滚石与树木＋坡面

图 6.2　滚石基本碰撞类型

6.1.3　树木阻挡效应

树木阻挡效应是指自然界中的树木对滚石运动行为的影响。一般而言，树木对阻挡滚石边坡上的失稳岩体具有重要作用。根据野外调查发现，树木种类、根系深度、几何特征及排列方式等是影响滚石运动行为的主要因素。本章主要考虑树木排列对滚石运动的影响。树木排列可分为树木与滚石崩塌起始点之间的距离、树木间距和树木分布（如树木密度）等。

然而，树木排列的阻挡效应与树木几何特征密切相关。因此，在研究树木排列之前，对树木几何特征，如树木高度和半径等，率先进行了分析。

6.2　树木阻挡滚石模型输出

本研究将树木单元简化为具有正八边形横截面的柱状体，不考虑树枝、弯曲树干等因素的影响。本节中，从静止开始运动的滚石为具有相同半径 $r_b = 0.50$ m 的近似球体，球体经线和纬线均为 6 条（图 6.3）。在坡角为 $\theta = 40°$ 的边坡上设置树木，树木的半径和高度分别由 r_t 和 h_t 表示。3D DDA 计算参数：$g = 9.8$ m/s^2，$\varphi = 30°$，$\rho = 2\,500$ kg/m^3，$\Delta t = 0.000\,01$ s，$k_n = 1 \times 10^5$ kN/m，$k_s = 1 \times 10^4$ kN/m。

在研究树木特征和排列之前，需对特定参数下的数值算例进行模拟，以解释 3D DDA 模型的输出，如滚石动能演进和运动轨迹。如图 6.3 所示，间距 $s = 0.50$ m 的两棵

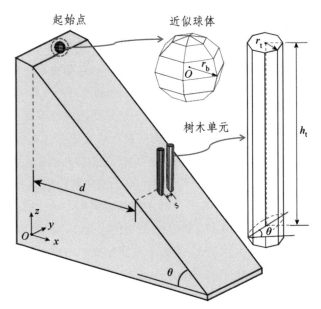

图 6.3　考虑树木阻挡的三维滚石边坡模型

相同的树并排设置在边坡上，且坡顶有一滚石由静止开始运动。假定树木半径 $r_t = 0.30\ \mathrm{m}$ ，树木与滚石起始点的水平距离 $d = 12\ \mathrm{m}$ ，树高 $h_t = 4\ \mathrm{m}$ 。滚石质量 $m = \rho \times 4\pi r_b^3 / 3 =$　$2\ 500 \times 4\pi \times 0.5^3 / 3 = 1\ 309\ \mathrm{kg}$ ，绕 x 、 y 和 z 轴的惯性矩为 $J = J_x = J_y = J_z = 130.9\ \mathrm{kg \cdot m^2}$ 。首先，由 3D DDA 计算滚石沿 x 、 y 和 z 轴的平动速度和绕 x 、 y 和 z 轴的转动速度，相应的平动动能（ E_{kt} ）和转动动能（ E_{kr} ）可由式（5.2）和（5.3）分别求得，再由式（5.1）计算滚石的总动能 E_k 。

滚石平动动能、转动动能和总动能等随时间的演进，如图 6.4（a）所示。这些曲线表现出非光滑特征，每一次突变都代表着滚石与坡面或树木的碰撞，每一次碰撞都导致总动能和平动动能的大量耗散。在与树木碰撞前，总动能和平动动能均因与坡面碰撞而耗散，但因重力势能的快速转换，总动能和平动动能依然会大幅增大。随着碰撞次数的增加，转动动能一直在分段增大。当与树木碰撞时，滚石的总动能和平动动能急剧减小。3D DDA 结果表明总动能和平动动能变化趋势基本一致，且数值上比较接近，而转动动能变化分段明显。当转动动能达到最大值时，即处于平稳阶段，与滚石飞行时间和距离无关。滚石运动过程中，转动动能所占比例较小，小于总动能的 10%。总体而言，转动动能相对小于平动动能。

图 6.4（b）给出滚石运动轨迹立面图①～⑤和平面图⑥～⑩，蓝色箭头表示运动方

向。图 6.4（b）中①、②和⑥、⑦为滚石与树木首次碰撞前后的整个运动过程，相应的滚石动能演进见图 6.4（a）中的Ⅰ段。总动能在点 K（2.9，11.93）处达到峰值，其左右分别表示滚石沿坡向下和向上的运动。此处，点 K 的总动能是与树木碰撞的总动能。然而，根据能量守恒原理，如果滚石所在高度为 H，总动能理论上应为 $mgH = mgd\tan\theta = 1\,309 \times 9.8 \times 12 \times \tan 40° = 129.2\ \text{kJ}$，大于图 6.4（a）中总动能的峰值 $E_k = 119.3\ \text{kJ}$。造成这种差异的原因是由于滚石几何特征的影响，即使滚石重心没有达到树木根部，滚石与树木的碰撞也已发生。此外，滚石形状的近似也可能引起这样的误差。

图 6.4（b）中③、④和⑧、⑨是滚石与树木第二次碰撞前后的整个运动过程，相应的滚石动能演进见图 6.4（a）中的Ⅱ段，与Ⅰ段描述类似。Ⅲ段有许多小振幅碰撞，使得总动能减小，在点 M（8.7，0.21）处达到最小值。这些小振幅碰撞的滚石轨迹不易描述，定性地示于图 6.4（b）中⑤和⑩。因树木阻挡和界面摩擦力等不足以使滚石静止，滚石会滚离树木。该过程的动能和运动轨迹分别如图 6.4（a）Ⅳ段和（b）中⑤和⑩所示，滚石有明显侧向运动，且动能不断增大，直到点 N（10.8，7.27）从坡面下落。

为了进一步说明碰撞对滚石动能的影响，考查由式（5.5）计算的总动能损失 ΔE_k。如果 $\Delta E_k < 0$，则总动能增加；如果 $\Delta E_k > 0$，则总动能减小。图 6.4（c）绘制了总动能损失-时间曲线。如果总动能损失不等于零，则表示滚石与坡面或树木之间发生碰撞。例如，点 O 和点 T 分别是由滚石与树木之间的第一次和第二次碰撞引起的，点 O 和点 T 之间的点 P、Q、R、S 是由滚石与坡面之间的碰撞引起的。

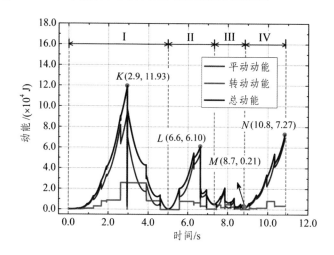

（a）滚石动能演进

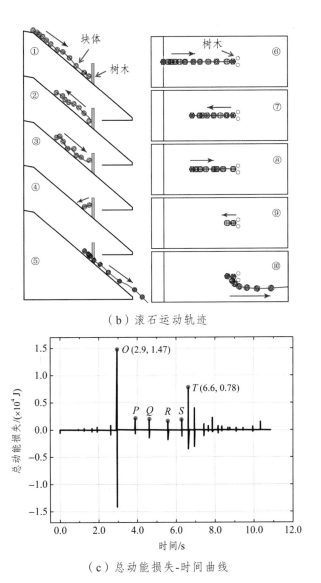

（b）滚石运动轨迹

（c）总动能损失-时间曲线

图 6.4　特定参数下的 3D DDA 模型输出

6.3　树木阻挡滚石算例分析

6.3.1　不同树高

在图 6.3 的边坡上分别设置树高 $h_t = 2$ m、4 m、6 m、8 m 的树木。设 $r_t = 0.30$ m，

$d = 8$ m。不同树高下滚石总动能-时间曲线和相应的一般运动轨迹平面图分别见图 6.5（a）和（b）。从 6.2 节可以看出，滚石整个运动过程包括很多微小碰撞，运动轨迹的详细描述需要大量的图片数据且较为烦琐，而动能-时间曲线可以反映滚石运动中的碰撞和能量转换。因此，本节给出表现滚石总体运动过程的轨迹，即一般运动轨迹。通过结合一般运动轨迹和总动能-时间曲线，可以描述滚石运动的具体过程。如图 6.5 所示，尽管树高不同，但滚石的总动能转换、运动轨迹和运动过程基本相同，即当树高大于滚石的跳跃高度时，树高大小对滚石运动的影响不明显。

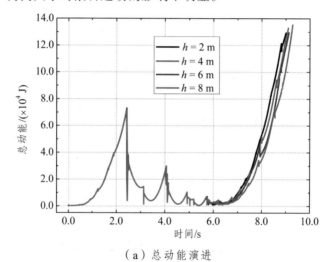

（a）总动能演进

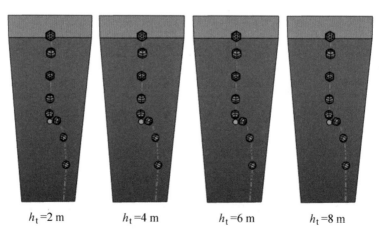

$h_t = 2$ m $h_t = 4$ m $h_t = 6$ m $h_t = 8$ m

（b）一般运动轨迹平面图

图 6.5   不同树高对滚石运动的影响

6.3.2　不同树木半径

取树木半径 $r_t = 0.30$ m、0.40 m、0.50 m、0.60 m。设 $h_t = 4$ m，$d = 8$ m（图 6.3）。不同树木半径下滚石总动能变化过程示于图 6.6（a），相应地，一般运动轨迹平面图示于图 6.6（b）。结合图 6.6（a）和（b），可以看出：当 $r_t = 0.30$ m（$r_t/r_b = 0.60$）时，滚石与树木数次碰撞后，以较高动能离开树木；当 $r_t = 0.40$ m（$r_t/r_b = 0.80$）时，滚石与树木多次碰撞后，以较低的动能离开树木；当 $r_t = 0.50$ m 或 0.60 m（$r_t/r_b = 0.80$ 或 1.20）时，滚石与树木经历很多次碰撞后被拦截而趋于静止。综上所述，树木半径越大，滚石与树木碰撞次数越多，动能耗散越快，树木对滚石运动的阻挡作用越明显。

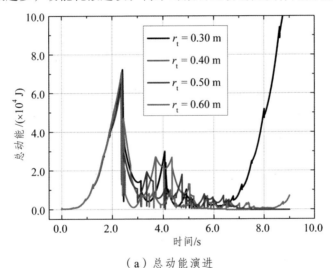

（a）总动能演进

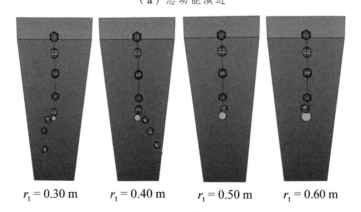

| $r_t = 0.30$ m | $r_t = 0.40$ m | $r_t = 0.50$ m | $r_t = 0.60$ m |

（b）一般运动轨迹平面图

图 6.6　不同树木半径对滚石运动的影响

6.3.3　树木与滚石崩塌起始点不同距离

假定树木与滚石崩塌起始点的水平距离分别为 $d=4\,\mathrm{m}$、$8\,\mathrm{m}$、$12\,\mathrm{m}$、$16\,\mathrm{m}$。设 $h_{\mathrm{t}}=4\,\mathrm{m}$，$r_{\mathrm{t}}=0.3\,\mathrm{m}$。如图 6.7（a）所示，比较不同水平距离下滚石总动能随时间变化曲线，并标记与树木首次碰撞的时间和总动能坐标。相应地，图 6.7（b）给出滚石的一般运动轨迹。显然，d 值越大，滚石与树木首次碰撞的总动能越大，对树木的冲击力越大。例如，考查 $d=4\,\mathrm{m}$ 和 $16\,\mathrm{m}$ 时滚石与树木的首次碰撞，$d=4\,\mathrm{m}$ 时，$E_{\mathrm{k}}=28.5\,\mathrm{kJ}$，$d=16\,\mathrm{m}$ 时，$E_{\mathrm{k}}=161.3\,\mathrm{kJ}$，后者将近是前者的 6 倍，$d=4\,\mathrm{m}$ 时远小于 $d=16\,\mathrm{m}$ 时对树木的冲击力。$d=16\,\mathrm{m}$ 时滚石冲击对树木强度产生巨大考验，一旦树木折损，可能引发灾难性后果。

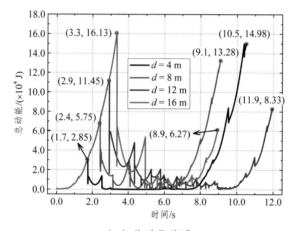

（a）总动能演进

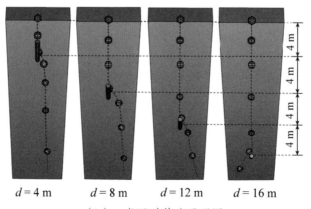

（b）一般运动轨迹平面图

图 6.7　树木与滚石崩塌起始点的不同距离对滚石运动的影响

对于不同的 d 值，滚石到达坡底时的时间和总动能总是不同。其基本规律：d 值越大，总动能越小，但时间没有明显规律。此外，应注意以 $d=4$ m 为代表的小距离条件。与树木首次碰撞的总动能较小，即 $E_k=28.5$ kJ，仅与树木和坡面碰撞几次就迅速耗散接近于 0 kJ，但由于微小的动能，滚石不断蠕动，导致滚石离开树木，并以最大的总动能从坡面下落。当然，蠕动过程的时间很长，持续将近 6 s。此现象表明，d 值较小时，树木对滚石的拦挡效应明显，可以给人们足够的时间从危险区撤离。但从另一个角度看，此现象会给人们滚石绝对静止的错觉，这也可能引起巨大损失。

6.3.4　不同树木间距

为了检验树木间距对树木拦挡作用的影响，将两棵 $r_t=0.30$ m、$d=12$ m 的树并排排列。树木间距研究的 3D DDA 模型（$s=0.50$ m）见图 6.3。本算例树木间距包括 $s=0.30$ m、0.50 m、0.70 m、0.95 m。图 6.8（a）和（b）分别为不同树木间距下总动能-时间曲线及对应的滚石运动轨迹。显然，有三种不同的拦挡状态：

（1）如果 s 较小（如 $s=0.30$ m、0.50 m），滚石与两树多次碰撞后，从两树两侧滚离，这样的树木间距不能使滚石停下来。随着间距增大，滚石到达坡底的时间延长，总动能减小，对边坡下游的危害不大，可留出时间转移生命财产。

（2）如果 s 增大（如 $s=0.70$ m），滚石与两树数次碰撞后，在两棵树之间停下来。此时间距适中，可拦挡滚石运动。

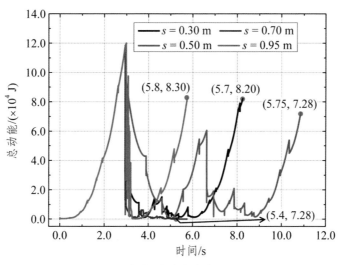

（a）总动能演进

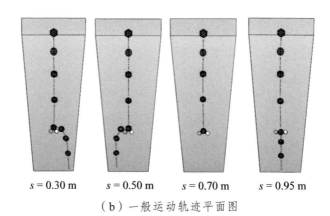

$s = 0.30$ m　　$s = 0.50$ m　　$s = 0.70$ m　　$s = 0.95$ m

（b）一般运动轨迹平面图

图 6.8　不同树木间距对滚石运动的影响

（3）如果 s 接近但小于滚石直径（如 $s = 0.95$ m），滚石与树木碰撞后趋于短时间的静止，之后从两树之间滚离。滚石以首次碰撞产生的大动能与两树反复碰撞。滚石在与两树的相互作用下，缓慢地从两树之间通过，滚石与树木可能产生挤压应变。

第三种状态比第一种状态更加危险，因为到达坡底的时间更短，总动能更大。本节开展大量数值试验，认为 s 值与滚石直径的保守比应为 0.68~0.85，可确保滚石被拦挡。

6.3.5　不同树木分布

在自然界中，树木分布是随机的、不规则的。本节将通过改变树木密度和特征来研究树木分布。在前几节采用近似球体基础上，本节考虑源于危岩体失稳的非球体滚石的运动过程。一崩塌滚石边坡位于四川省冕宁县境内 G108 国道外侧的安宁河岸[112]。总体上，边坡较为平整，且由两段组成，即上部坡角为 40° 的陡坡和下部坡角为 35° 的缓坡（图 6.9）。边坡的三维模型及其平面图分别如图 6.10 的（a）和（b）所示。在坡 1 上有一 10 m×10 m 的分布区域，在这个区域中设置随机分布的树木。为了反映分布的随机性，树木的位置通过服从均匀分布的随机函数输出。如图 6.11 所示，在坡顶存在危岩体。由产状为 85°∠80°、275°∠85°、10°∠75°、10°∠30° 相互交切的结构面将危岩体切成 6 个不规则的块体。除了摩擦角 $\varphi = 25°$，其他参数与前几节相同。

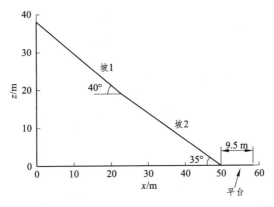

图 6.9 位于冕宁县 G108 国道的某崩塌滚石边坡横截面

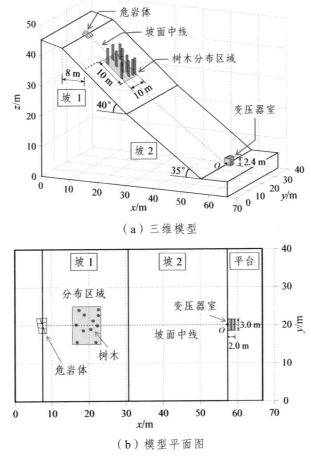

（a）三维模型

（b）模型平面图

图 6.10 崩塌滚石边坡数学模型

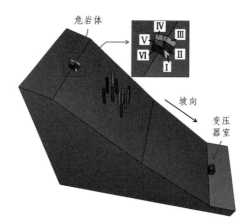

图 6.11 崩塌滚石边坡 3D DDA 模型

如 6.3.1 节所述，树高对滚石动能和运动轨迹的影响较小，因此仅改变树木半径来分析树木几何特征的随机性。假设树高 $h_t = 6\ \mathrm{m}$，以确保树高高于滚石的跳跃高度。滚石由静止启动，穿过树木分布区域，可能与位于边坡底部的变压器室碰撞[图 6.10（a）]。变压器室与分布区域的中心轴相同。以滚石到达变压器室的概率 P 为指标，评价树木分布对滚石运动的阻挡能力。概率 P 定义如下：

$$P = \frac{N_c}{N} \tag{6.1}$$

式中，N_c 为滚石到达变压器室的次数；N 为数值模型生成及模拟的次数。如果模型生成及模拟 1 次，有一个或多个滚石与变压器室碰撞，则称滚石到达变压器室 1 次；如果所有滚石与变压器室均无碰撞，则称滚石未到达变压器室。

取树木密度 $\rho = 7/100$、$8/100$、$9/100$、$10/100$、$11/100$、$12/100$、$13/100$、$14/100$、$15/100$、$16/100$，树木半径 $r_t = 0.15\ \mathrm{m}$、$0.20\ \mathrm{m}$、$0.25\ \mathrm{m}$、$0.30\ \mathrm{m}$、$0.35\ \mathrm{m}$、$0.40\ \mathrm{m}$、$0.45\ \mathrm{m}$、$0.50\ \mathrm{m}$、$0.55\ \mathrm{m}$、$0.60\ \mathrm{m}$。例如，$\rho = 11/100$ 代表 11 棵树分布在 $100\ \mathrm{m}^2$ 的分布区域。首先，考虑 $\rho = 11/100$ 和 $r_t = 0.35\ \mathrm{m}$ 情况，其中随机生成的树木分布之一的平面图和 3D DDA 模型分别如图 6.10（b）和 6.11 所示。对应的运动过程如图 6.12 所示，描述如下：① 滚石系统整体滑动[图 6.12（a）]，即危岩体的初始破坏模式为滑移；② 滚石Ⅱ～Ⅵ与阻挡滚石运动的树木碰撞，滚石Ⅰ体积较小，穿过分布区域时未与树木碰撞[图 6.12（b）]；③ 滚石Ⅱ～Ⅳ离开树木，滚石Ⅰ运动至坡底，未与变压器室碰撞[图 6.12（c）]；④ 滚石Ⅱ～Ⅳ相继运动至坡底，滚石Ⅵ与变压器室碰撞[图 6.12（d）]。值得注意的是，滚石Ⅴ被树木阻挡而稳定于树木之间。

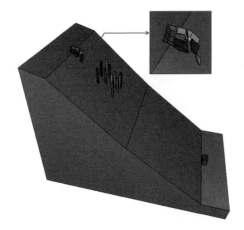

（a）$t = 3.0$ s

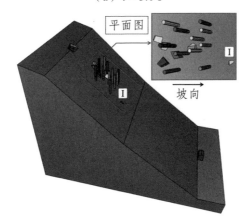

（b）$t = 6.0$ s

（c）$t = 9.0$ s

（d）$t = 14.1$ s

图 6.12　危岩体失稳运动过程

图 6.13（a）表明，此情况（$\rho = 11/100$、$r_t = 0.35$ m）下的 P 值在 $N = 2\,000$ 次后，收敛于 75.4%，这为模型生成和模拟的次数提供了参考。在后续计算中，N 可设为 $2\,000$，评估 P 值与树木分布的关系。在 $r_t = 0.35$ m 下，概率 P 随树木密度 ρ 的变化曲线绘制于图 6.13（b），说明随着树木密度增加，滚石到达变压器室的概率减小。例如，当 $\rho = 7/100$ 时，$P = 94.5\%$；而当 $\rho = 16/100$ 时，$P = 12.7\%$。这表明滚石到达变压器室的概率减小了近九成。在 $\rho = 11/100$ 下，图 6.13（c）给出概率 P 随树木半径 r_t 的变化曲线，概率 P 随树木半径的增加而减小。例如，当 $r_t = 0.15$ m 时，$P = 88.7\%$；而当 $r_t = 0.6$ m 时，$P = 18.8\%$。这表明滚石到达变压器室的概率减小了约八成。总之，树木密度或树木半径越大，滚石到达变压器室的概率越小。

假设与图 6.10（b）和图 6.11 相同的树木分布（$\rho = 11/100$）中，上述 10 个树木半径的出现服从均匀分布，即每一树木半径出现的概率是 1/10。概率 P 变化曲线如图 6.13（d）所示，表明随着模型生成和模拟次数 N 的增加，P 值的变化幅度逐渐减小，并趋于稳定。但总体上，P 值小于所有树木半径均为 $r_t = 0.35$ m 情况下的概率 $P = 75.4\%$。

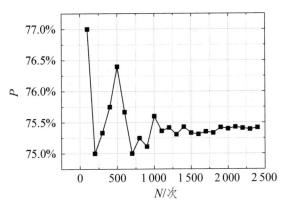

（a）$\rho = 11/100$、$r_t = 0.35$ m

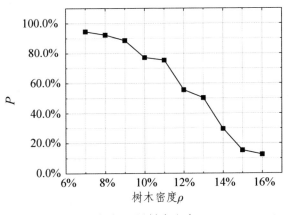

（b）不同树木密度

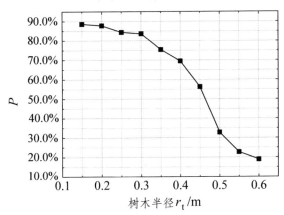

（c）不同树木半径

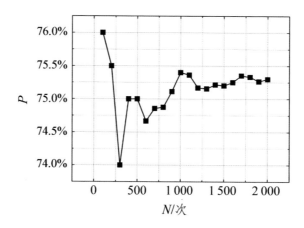

（d）树木半径呈均匀分布

图 6.13　滚石到达变压器室的概率 P 曲线

6.4　工程实例

　　望霞边坡[247]位于重庆市巫山县两坪乡，属中低山中深切割侵蚀河谷斜坡地貌。如图 6.14 所示，危岩体发育于边坡顶部的一级陡崖（近直立，高 80~100 m），陡崖下有一条高速公路，其所在位置为一段坡向 205°、坡角约 30° 的小斜坡。小斜坡下为二级陡崖，陡壁高约 60 m，坡向 197°，坡角约 73°。受风化、雨水侵蚀、构造裂隙切割等自然因素长期作用，陡崖上形成一孤立石柱，上部已与陡崖分离，但基座部分相连，周界清晰。平面形态近似为四边形，长 8 m、宽 6 m、高 65 m，体积 3 200 m³。从石柱表面可以看出，已有一些将要贯通的裂隙，若受外界条件作用，易失稳破坏。石柱顶部存在较大裂隙，其产状为 200°∠26°，形成一不稳定块体，可能率先失稳。边坡数学模型和 3D DDA 模型如图 6.15 所示。数值模拟计算参数：界面间摩擦角 25°，密度 2 500 kg/m³，重力加速度 9.8 m/s²，时间步长 0.000 1 s，法向和切向弹簧刚度分别为 1×10^6 kN/m 和 1×10^5 kN/m。

图 6.14　望霞边坡[247]

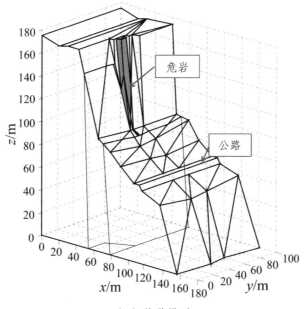

（a）数学模型

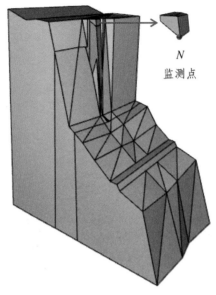

（b）3D DDA 模型

图 6.15 边坡三维模型

图 6.16（a）、（b）分别给出块体启动、运动轨迹的立面图和平面图，相应的动能-时间曲线如图 6.17 所示。整个过程可分为脱落、坠落、沿坡面运动三个部分。

（1）脱落：块体在自重、摩擦力、界面支持力作用下，产生滑动，即块体失稳破坏模式为滑移式；当块体前端滑出较大位移，重心处于石柱以外时，块体发生转动；块体边向下滑移边转动，直至全部脱落。此过程动能及动能变化较小。

（2）坠落：块体离开母岩下落，仍有转动，与石柱临空面碰撞，其动能发生第一次突变（或衰减）；碰撞后块体回弹，受自重下落；因石柱临空面倾角为非直角，块体会与石柱发生面-面接触，再转化为棱-面接触，直到坠落于坡面，与坡面碰撞，其动能发生第二次突变，动能大幅降低。

（3）沿坡面运动：块体与坡面碰撞后，发生弹跳、滚动、碰撞、侧向平动及转动，动能产生多次突变；飞行至公路，与公路碰撞，形成滚石灾害，威胁交通线路安全运营，其动能突变，再次大幅降低；块体与公路碰撞后，块体飞离坡面，作斜抛运动，且在空中不断转动，又与二级陡崖碰撞，最终边转动边斜抛运动至坡底。从图 6.16 和图 6.17 可以看出，滚石整个运动过程是一个不断发生碰撞和接触变换的过程，块体侧向平动及转动呈现出三维运动特征。

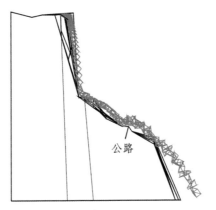

（a）立面图

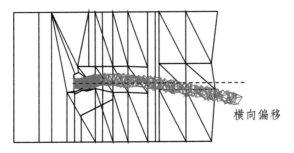

（b）平面图

图 6.16 滚石运动轨迹

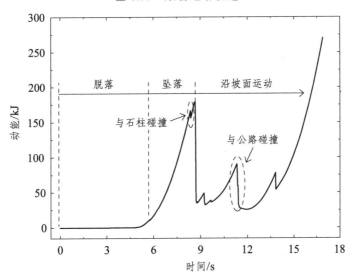

图 6.17 滚石动能-时间曲线

石柱顶部还存在其他较小裂隙，可能在降雨、风化作用下，进一步扩大、贯通。裂隙产状为 202°∠5° 和 295°∠77°，与之前的较大裂隙共同切割石柱顶部，形成由 4 个块体组成的块体系统［图 6.18（a）］。块体系统启动、运动整个过程如图 6.18 所示，亦可分为脱落、坠落、沿坡面运动三个部分。块体系统滑移破坏，且块体 A、C 较块体 B、D 滑移速度大，块体间产生错动和裂缝［图 6.18（b）］。块体 A、C 率先转动，导致块体 B、D 随之转动、脱落。块体系统坠落于坡面，与坡面接触碰撞，且块体 D 与 C 发生碰撞［图 6.18（c）］。碰撞后，块体回弹，块体 B 与 A 亦发生碰撞。块体系统经过公路，且块体 C 跃过路面而不与路面碰撞；块体 A、B、D 先后与路面碰撞，引发公路滚石灾害［图 6.18（d）］。滚石运动、致灾，整个过程与块体碰撞息息相关。

结合滚石运动轨迹、状态和动能，可确定防护措施的合理选型及设置位置。若方便施工，可在一级陡崖下设置落石槽，减小滚石回弹高度和能量；或者铺设灌木丛等植被，衰减滚石动能，有助于降低路侧防护结构强度和尺寸要求。

对于该滚石边坡，可在路侧布置拦挡设施（如拦石墙等）。当拦挡设施被滚石碰撞时，会吸收撞击能量，减小滚石对交通道路的冲击作用，从而避免或减轻滚石灾害。本节将 3D DDA 方法应用于滚石灾害防护研究。在坡底设置拦挡设施，取拦挡设施法向弹簧刚度 $k_n = 0.6 \times 10^4$ kN/m、0.7×10^4 kN/m、0.8×10^4 kN/m、0.9×10^4 kN/m、1.0×10^4 kN/m，按时步输出每一弹簧刚度下滚石速度和与拦挡设施接触嵌入量，滚石动能如图 6.19（a）所示。结果表明滚石与拦挡设施碰撞，显著耗散滚石动能，最终滚石动能趋于零，达到静止状态，拦挡设施起到防护作用。滚石与拦挡设施碰撞过程中，接触模式均可简化为点-面接触，接触力由式（3.40）得到。不同弹簧刚度下滚石碰撞冲击力时程曲线如图 6.19（b）所示，滚石冲击力随着碰撞次数的增加而逐渐减小，直至滚石稳定，仅剩下对拦挡结构的压力。相应的最大冲击力列于表 6.1，弹簧刚度越大越先达到最大冲击力，最大冲击力随着弹簧刚度的增加有所减小，其原因是较小弹簧刚度引起较大嵌入量，这也说明了弹簧刚度取值对 DDA 模拟结果影响很大。弹簧刚度过小，会引起"穿透"现象，施加的刚硬弹簧应足以克服使块体发生较大嵌入的驱动外力。当前，比较常见的拦挡设施还有被动柔性防护网。在滚石冲击过程中，防护网自身会有较大变形，且具有网环和支撑锁等耗能构件，DDA 与其他算法耦合，或改进 DDA，以适用于防护网防护机理研究，这将是后续重点工作之一。

上述滚石被切割成如图 6.18（a）所示的块体系统。如图 6.20 所示，块体系统失稳后，运动进程受到拦挡设施拦阻作用，块体 A、B、D 经反复接触碰撞后，被拦截。块体 C 以较大高度跃过路面，拦挡设施对它未起到防护作用，滚石灾害不能避免。实际边坡中，滚石运动可能受到树木阻挡。

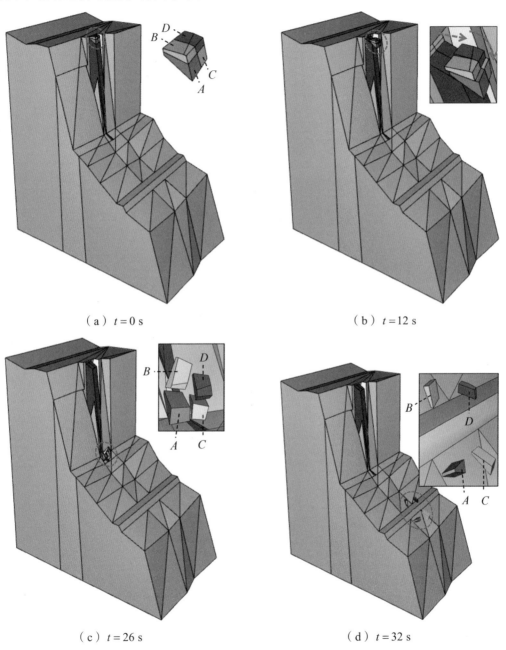

（a）$t = 0$ s

（b）$t = 12$ s

（c）$t = 26$ s

（d）$t = 32$ s

图 6.18　滚石运动过程

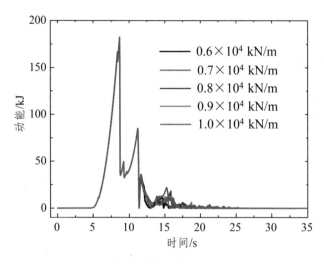

（a）动能-时间曲线

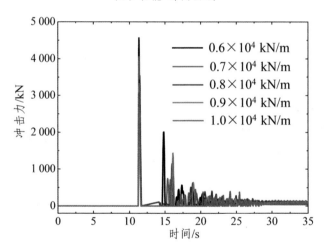

（b）冲击力-时间曲线

图 6.19　不同弹簧刚度下块体-拦挡设施碰撞

表 6.1　不同弹簧刚度下最大冲击力

弹簧刚度/(×10⁴ kN/m)	0.6	0.7	0.8	0.9	1.0
最大冲击力/kN	4 485.3	4 072.0	3 665.1	3 358.3	3 102.0

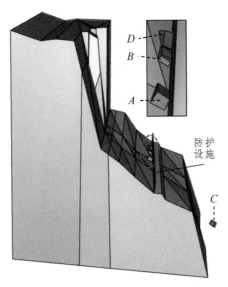

图 6.20　拦挡设施对块体系统的防护作用

　　如图 6.21（a）所示，在块体 C 运动路径上设置一树木单元，采用 3D DDA 模拟滚石运动及防护效果。块体 C 率先与树木碰撞，之后块体 A 与树木碰撞，块体 B、D 不与树木碰撞。因树木阻挡作用，块体 A、C 动能大量耗散，特别是块体 C 弹跳高度大幅降低，其运动在拦挡设施防护范围以内。最终，经过块体与块体、块体与坡面、块体与拦挡设施反复碰撞，块体系统稳定于路侧，防止了滚石灾害的发生［图 6.21（a）］。此例说明滚石具有高能、高速和较大的跳跃高度，致使一般的拦挡设施无法完全避免滚石灾害，而结合植被的阻挡效应，可使滚石灾害控制在可控范围之内。

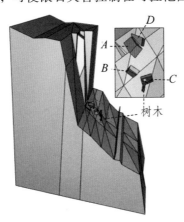

（a）滚石与树木碰撞

树木

（b）滚石被拦挡的最终状态

图 6.21　树木与防护设施相结合的防护作用

CHAPTER 7

边坡块体系统失稳
室内试验

室内试验是研究块体失稳机制的重要手段。室内试验条件易控，规模较小，成本较低，投入的人力较少。本书研发块体运动室内试验平台系统，应用于室内试验，以研究块体失稳及运动特征。室内试验考虑不同坡角以及块体不同形态尺寸、不同排列（结构面切割）形式等条件，研究块体失稳模式及运动过程。

7.1　室内试验材料

试验材料主要有钢材和铝合金。钢材以角钢为主，用于试验平台的支撑和坡面的加固；铝合金用于坡面和块体系统的制作。块体系统由立方体或长方体铝块组成，铝块密度 $\rho = 2.72 \times 10^3\ \mathrm{kg/m^3}$。铝块由机械加工和切割而成，表面存在纹理，采用水磨砂纸打磨铝块，使其表面尽可能平滑，但很难做到完全平滑。通过倾斜平台试验，得到铝块平均摩擦角近似为 24°，界面黏聚力很小，忽略不计。铝块系统、铝板坡面呈银白色，在拍摄边坡块体运动时，存在反光现象，有时难以清晰拍摄块体间错动裂隙、相对运动状态等，因此，在铝块表面涂水彩笔水补充液。为了加速补充液风干，可加适量酒精。试验结果表明，补充液对铝块摩擦角等界面参数几乎无影响，质量也可以忽略不计。

7.2　室内试验平台系统

试验平台主要包括边坡系统和数据采集系统，示意图和实物图分别如图 7.1 和图 7.2 所示。边坡坡面为一铝板，采用螺栓将铝板固定于角钢上。坡面上画有参考网格［图 7.3（a）］，每一格子尺寸 5 cm×5 cm。角钢一端铰支于下部支撑钢架上，另一端与电动推杆［图 7.3（b）］铰接。推杆下部铰支于基座上，用于调节坡角。推杆最小安装距离 855 mm，行程 750 mm，均匀伸缩速度 7 mm/s，推力 1 300 N。数显角度尺［图 7.3（c）］安装于坡脚，用于实时测量坡面抬升或下降过程中的坡角，其精度为 0.3°，测量范围 0°～999.9°。试验中，块体运动初始条件控制至关重要。为了释放块体系统，将一块亚克力板镶嵌并固定于角钢上，作为块体运动启动门。启动门两侧门柱底部分别嵌有电磁吸盘［图 7.3（d）］，两吸盘吸力最大值均为 45 kg。当电源开关闭合时，两吸盘产生吸力，吸住启动门角钢，使启动门关闭，块体系统静止于启动门后的初始位置。此时，两根启动弹簧处于紧绷状态。当电源开关断开时，两吸盘吸力快速消失，在两弹簧的大拉力作用下，启动门瞬时开启，释放块体系统。坡面两侧角钢与支撑钢架之间分别铰接同等规格的角钢支撑柱,采用夹具夹紧,以减少坡面在块体运动过程中的微震动。支撑钢架和基座均与地面固结,确保边坡系统稳定。

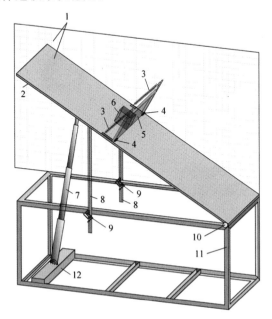

1—参考网络;2—坡面;3—弹簧;4—电磁吸盘;5—启动门;6—块体或块体系统位置;
7—电动推杆;8—支撑柱;9—夹具;10—数显角度尺;11—支撑钢架;12—基座。

图 7.1　室内试验平台系统示意图

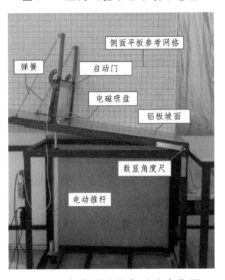

图 7.2　室内试验平台系统实物图

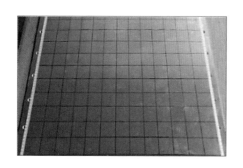

（a）铝板坡面及参考网格

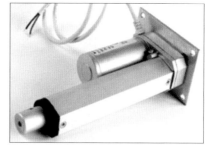

（b）电动推杆

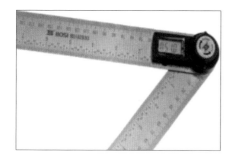

（c）数显角度尺

（d）电磁吸盘

图 7.3　几个关键组件

数据采集系统包括微机电系统（MEMS）加速度传感器和两台高速数码相机。MEMS加速度传感器具有体积小、质量轻、低能耗、成本低、易于集成和实现智能化等特点，适于监测块体运动加速度。将 MEMS 加速度传感器粘贴到块体系统关键块体监测点上［图 7.4（a）］，可以采集相应的 6 个加速度，即 3 个平动和 3 个转动加速度。基于这些加速度，通过转换计算可以得到相应的速度和位移。高速数码相机［图 7.4（b）］帧速率 545 帧/s，像素（$H \times V$）800×600。一台相机安装在边坡一侧，捕捉块体系统沿坡向的运动投影，如滑动、倾倒和弹跳等；另一台相机安装在边坡正上方，竖直向下捕捉块体运动状态，如侧向偏转和平动等。在边坡另一侧布置一侧面平板，粘贴坐标纸并画有参考网格，与坡面网格尺寸相同，每一格子尺寸 5 cm × 5 cm。通过相机拍摄的图片和加速度转换得到的位移，可以确定块体在不同时刻的位置、运动形式及特征等。试验结果既可与 3D DDA 计算比较，验证 3D DDA 模拟的准确性，又可研究块体系统失稳及其运动特征。

（a）MEMS 加速度传感器及粘贴　　　　　（b）高速数码相机

图 7.4　数据采集装置

7.3　室内试验工况及结果分析

7.3.1　单块体及块体柱

本节模型，包括几何、物理参数等，均与 4.4.1 节相同。表 7.1 给出不同坡角下由试验和 3D DDA 得到的块体失稳模式。结合表 4.3 和表 7.1，说明了 3D DDA 与试验、动力 LEM 结果完全一致。类似图 4.9（a），不同坡角下，试验得到的监测点 M 位移也与解析解吻合，进一步说明了 3D DDA 结果与试验、解析解相一致。

总结不同 t/h 和不同坡角 α 下块体柱的失稳模式，恰好均分布于由动力 LEM 分割的相应区域，这与 3D DDA 得到的失稳模式［图 4.9（b）］完全一致。此外，块体柱沿 $\alpha = 45°$ 的坡面运动时，监测点 M 的位移-时间曲线如图 7.5 所示，表明 3D DDA 与试验结果基本一致。如果 $t/h = 1.0$，则块体柱滑动，位移与式（3.44）解析解吻合；如果 $t/h = 0.5$，则块体柱的初始状态为滑动，但随后块体间产生错动，且发生倾倒。在 $\alpha = 45°$、$t/h = 0.25$ 条件下，块体柱在 0.0 s、0.2 s、0.4 s、0.6 s 时刻，由试验和 3D DDA 得到的运动状态列于表 7.2。首先，块体柱以整体形式倾倒，这与 4.2.2 节所述相同；随后，块体间产生错动，这些块体彼此分离；最后，块体以跳跃、倾倒和滑动的形式沿坡面运动。从运动状态可以看出，3D DDA 与试验结果吻合较好。

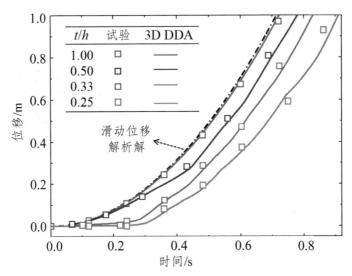

图 7.5 坡角 $\alpha = 45°$ 时监测点的位移-时间曲线

表 7.1 块体失稳模式

方法	$\alpha = 20°$	$\alpha = 25°$	$\alpha = 30°$	$\alpha = 35°$	$\alpha = 40°$	$\alpha = 45°$	$\alpha = 50°$
试验	稳定	滑动	滑动	滑动	滑动	滑动	滑动
3D DDA	稳定	滑动	滑动	滑动	滑动	滑动	滑动

表 7.2 块体柱运动状态（ $\alpha = 45°$ ， $t/h = 0.25$ ）

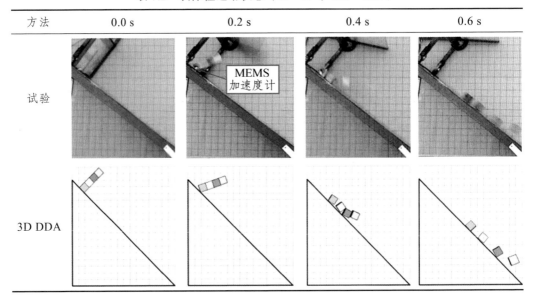

7.3.2　单排块体系统

与图 4.8 相同的边坡（$\alpha = 20° \sim 50°$）上有四部分块体，底部尺寸均为 $10\,\text{cm} \times 10\,\text{cm}$，高度分别为 $10\,\text{cm}$、$20\,\text{cm}$、$15\,\text{cm}$、$5\,\text{cm}$。每一部分块体均被切割为 3 个子块，厚度分别为 $2.5\,\text{cm}$、$2.5\,\text{cm}$、$5.0\,\text{cm}$，即总块体数共 12 个。图 7.6 为这些块体的非错开分布和块体编号。失稳模式可由动力 LEM、试验和 3D DDA 得到。

对于每一坡角，由动力 LEM、试验、3D DDA 三种方法得到的块体失稳模式由上到下分别绘制于图 7.7，结果表明相同坡角条件下三种方法得到的失稳模式没有区别。这些失稳模式为块体的初始启动模式，随着块体系统的变形，可能转化为其他模式。如 $\alpha = 20°$ 时，块体 9 初始稳定，但在 $t = 1.8\,\text{s}$ 后转化为倾倒-滑动。为了阐述系统运动过程，表 7.3 列出 $\alpha = 30°$ 下不同时刻的运动状态，表明试验和 3D DDA 得到的系统运动过程基本相同。块体系统无侧向变形，表现出二维运动特征。不同坡角条件下块体 6 监测点 N 的位移-时间曲线如图 7.8 所示，相同颜色的实线和虚线分别表示相同坡角下的位移演进过程，表明在不同坡角下的 3D DDA 监测点位移与试验结果非常接近。

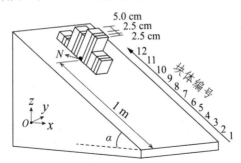

图 7.6　单排块体系统数学模型

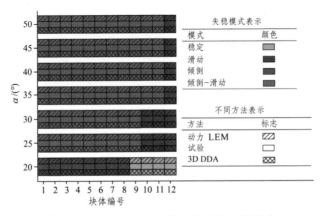

图 7.7　非错开分布单排块体系统失稳模式

表 7.3　非错开分布单排块体系统运动状态

方法	0.00 s	0.25 s	0.50 s	0.75 s	1.00 s
试验					
3D DDA					

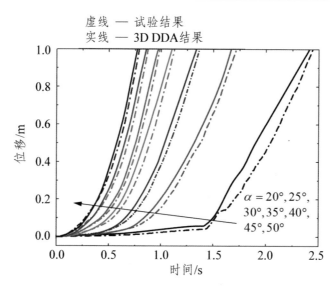

虚线 —— 试验结果
实线 —— 3D DDA结果

$\alpha = 20°, 25°, 30°, 35°, 40°, 45°, 50°$

图 7.8　非错开分布单排块体系统在坡角 $\alpha = 45°$ 条件下监测点位移-时间曲线

上述块体系统中块体间可能是错开的。假设块体等间距由上到下依次错开，相邻块体间的错开距离取 $d = 0.5$ cm、1.0 cm、1.5 cm、2.0 m、2.5 cm，这样的分布增加了极限平衡条件，使得表 4.2 中的公式不再适用。因此，采用试验和 3D DDA 预测失稳模式。首先，分析 $d = 2.0$ cm。不同坡角下初始失稳模式如图 7.9 所示，结果表明两种方法结果相同。图 7.9 中将试验和 3D DDA 得到的每个坡角下的破坏模式从上到下进行标记，再与图 7.7 相比。在 $\alpha = 35°$ 时，滑动块体个数有所增加，即块体 10 和 11 由非错开分布的倾倒-滑动转化为滑动。究其原因，在于块体 9 不仅倾倒-滑动，而且侧向转动，阻止了块体 10 的倾倒，块体 10 又阻止了块体 11 的倾倒。不同坡角下监测点 N 的位移-时间曲线绘制于图 7.10（a），随着坡角的增大，这些位移曲线更加接近于非错开分布情况。图 7.10（b）为块体系统沿不同坡角边坡的监测点横向位移，表明随着坡角增大，侧向位移减小。侧向移动方向是与 y 轴平行的方向（图 7.6），同向为正，异向为负；侧向转动的转轴与坡面法线方向平行。注意，这里所指的位移和沿坡面位移均指监测点合位移。

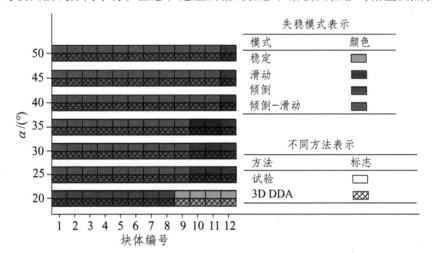

图 7.9　不同坡角下错开分布单排块体系统失稳模式

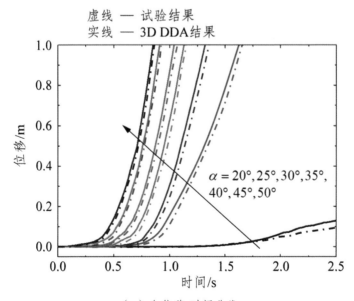

（a）合位移-时间曲线

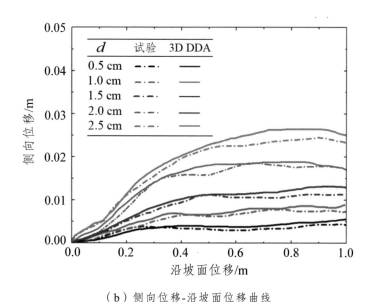

（b）侧向位移-沿坡面位移曲线

图 7.10   不同坡角下错开分布单排块体系统监测点位移-时间曲线

结合图 7.10 可以看出，侧向位移越大，在相同坡角下的合位移越小。在所有坡角条件下，块体 10～12 均发生明显侧向转动。以 $\alpha = 20°$ 为例，块体 9 起初稳定，继而侧向转动，最终倾倒；块体 10～12 起初也稳定，随后因块体 9 转动而发生侧向转动，最终恢复稳定状态。块体不仅侧向移动，而且侧向转动，表现出三维运动特征，这是与二维分析的不同之处。表 7.4 为试验得到的 $d = 2$ cm 的块体系统运动状态（ $\alpha = 30°$ ），相应地，由 3D DDA 得到的运动状态见表 7.5。块体 10～12 的侧向转动、所有块体的侧向移动和运动状态的变化，均可通过试验和 3D DDA 数值模拟观察到。

图 7.11 的（a）和（b）分别为 $\alpha = 30°$ 和不同错开距离条件下监测点的合位移和侧向位移曲线。如图 7.11（a）所示，错开距离越大，块体 6 越早开始运动，监测点的位移变化越快。块体 6 是高度最高、质量最大的块体，且处于系统重要位置，如果它开始运动的时间较早，则系统将较易失稳破坏。综合图 7.9～图 7.11 和表 7.4、表 7.5，可以看出 3D DDA 与试验结果吻合较好。

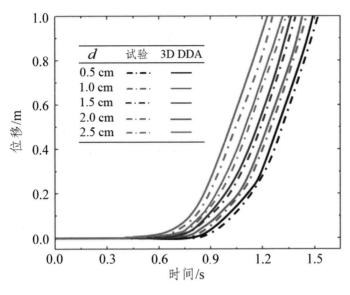

（a）合位移-时间曲线

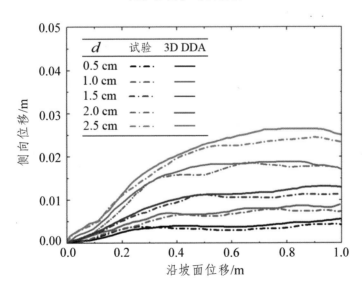

（b）侧向位移-沿坡面位移曲线

图 7.11　不同错开距离下错开分布单排块体系统监测点位移-时间曲线

表 7.4　试验得到的错开分布单排块体系统运动状态（$\alpha = 30°$，$d = 2\,\text{cm}$）

视图	0.00 s	0.25 s	0.50 s	0.75 s	1.00 s
前					
俯		 转动			

表 7.5　3D DDA 得到的错开分布单排块体系统运动状态（$\alpha = 30°$，$d = 2\,\text{cm}$）

视图	0.00 s	0.25 s	0.50 s	0.75 s	1.00 s
前	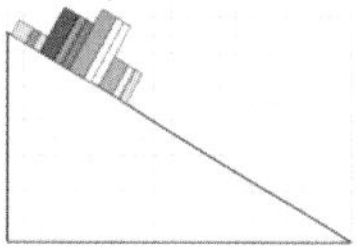	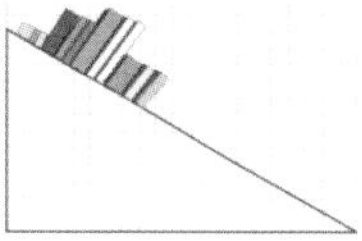	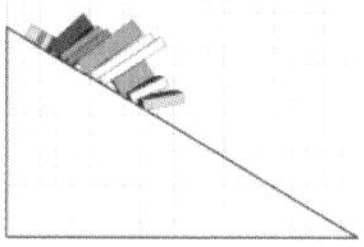	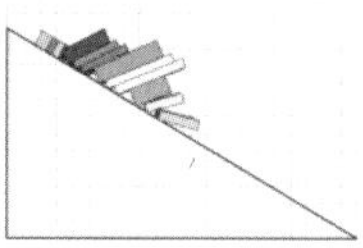	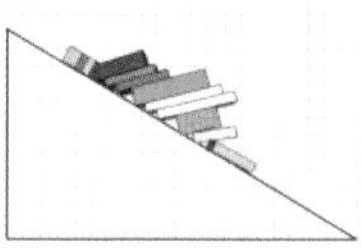
俯	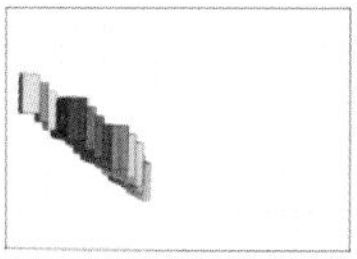	 转动	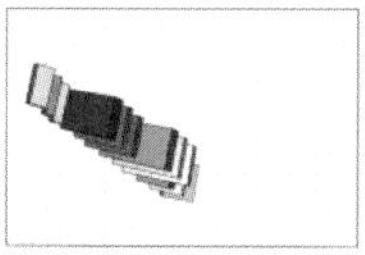	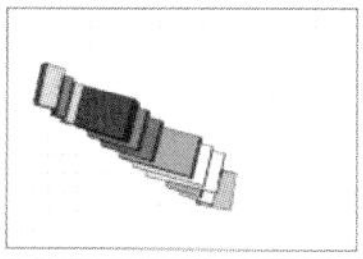	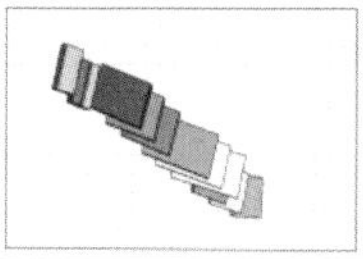

7.3.3　散粒体

自然界中的危岩体可能被结构面切割成散粒体。因此，采用两个标准的散粒体模型来模拟研究其失稳运动过程。首先，分析非交错分布的块体系统。尺寸为 10 cm×10 cm×15 cm 的大块体被切割成 12 个等棱长（为 5 cm）的相同子块，非交错地置于坡面上，如图 7.12 所示。类似地，由这个大块体可再切割成一个交错分布块体系统，不同的是中间层是尺寸为 2.5 cm×5 cm×5 cm 的两个相同子块（图 7.12）。

图 7.13（a）和图 7.14（a）分别为不同坡角下非交错分布和交错分布散粒体监测点 Q 的合位移-时间曲线，相应地，沿坡面的非交错和交错分布侧向位移曲线分别示于图 7.13（b）和图 7.14（b）。侧向移动方向已在 7.3.2 节定义。从图 7.13、图 7.14 可以看出，这些位移曲线具有相同的演进趋势，且 3D DDA 和试验结果几乎一致。在 $\alpha = 30°$ 时，表 7.6 和表 7.7 分别描述了由试验和 3D DDA 得到的交错分布散粒体的运动状态，表明两方法的运动状态基本相同。整个块体系统首先倾倒，且伴随着块体间的错动。随着块

体系统的运动,上部块体坠落于坡面,并发生碰撞、弹跳和滚动。这些块体运动显示出三维特征,与非交错分布相比,交错分布更易失稳破坏。

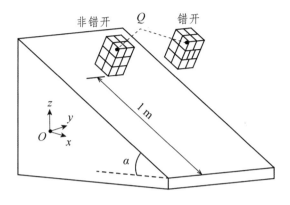

图 7.12 散粒体数学模型

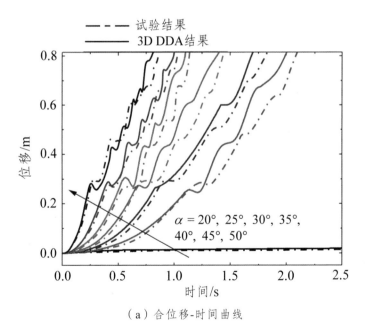

（a）合位移-时间曲线

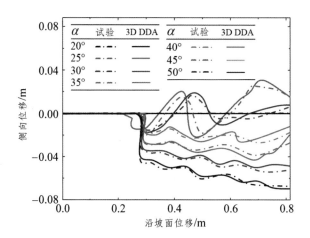

（b）侧向位移-沿坡面位移曲线

图 7.13　非错开分布监测点位移曲线

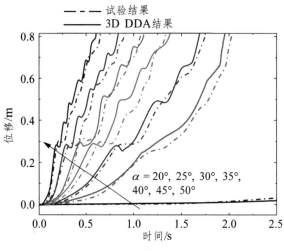

（a）合位移-时间曲线

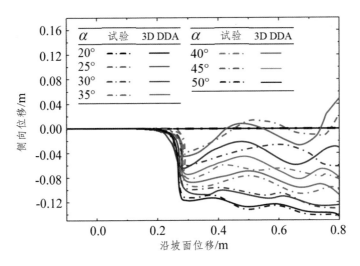

（b）侧向位移-沿坡面位移曲线

图 7.14 错开分布监测点位移曲线

表 7.6 试验得到的交错分布散粒体运动状态（$\alpha = 30°$）

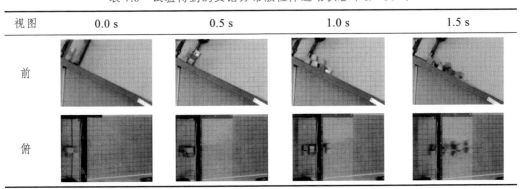

视图	0.0 s	0.5 s	1.0 s	1.5 s
前				
俯				

表 7.7 3D DDA 得到的交错分布散粒体运动状态（$\alpha = 30°$）

视图	0.0 s	0.5 s	1.0 s	1.5 s
前				
俯				

7.3.4 失稳块体沿途碰撞

1. 失稳块体碰撞静止块体

坡角为 20° 的边坡上的块体的尺寸及位置如图 7.15 所示。首先，失稳块体 A 运动，碰撞其运动路径上的静止块体 B。A 块体高度 h 分别取 10 cm、15 cm、20 cm。图 7.16 给出块体 A 与 B 监测点位移-时间曲线，可以看出，试验与 3D DDA 得到的两块体位移大小相近，且演进趋势相同。从图 7.16（a）还可看出，块体 A 初始失稳模式为纯倾倒，无滑移。两种方法的块体运动过程基本相同，无侧向移动，呈二维运动特征。首先，块体 A 倾倒，与坡面碰撞，其底部回弹，顶部随后亦回弹，如此反复振动，且块体 A 高度越小，回弹次数越多；接下来，块体 A 与 B 碰撞，引起块体 B 运动，块体 A 或稍有回弹（$h = 10$ cm），或因碰撞、翻转而压在块体 B 上（$h = 15$ cm、20 cm）；最后，块体 A 顶着块体 B 面-面接触，或块体 A 与 B 压在一起边-面接触，二者边碰撞振动，边滑至坡底。

相应地，图 7.17 给出 3D DDA 两块体动能-时间曲线。块体 A 倾倒，动能显著增加；与坡面碰撞，动能急剧衰减。动能的每一次衰减，均表示块体与坡面或块体与块体之间的碰撞接触。比较图 7.17 的（a）与（b），发现块体 B 的振动频率要高于块体 A 的振动频率。块体 A 高度越小，块体 B 动能分段越明显，原因是块体 A 高度越小，倾倒后由重力势能转化而来的动能越小，不会翻转而压在块体 B 上或越过块体 B，而是顶部与块体 B 碰撞回弹，且高度越小，碰撞回弹次数越多，每一次碰撞回弹都会引起动能变化。

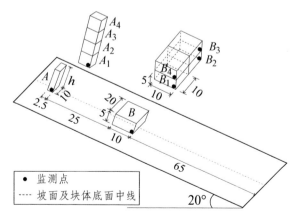

图 7.15 块体尺寸及位置（单位：cm）

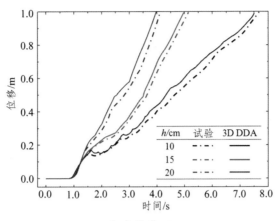

（a）块体 A

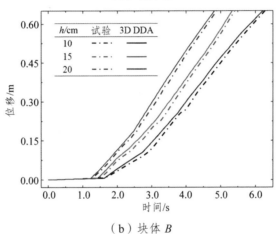

（b）块体 B

图 7.16　试验与 3D DDA 得到的监测点位移

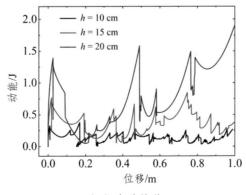

（a）失稳块体

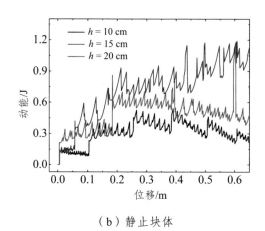

（b）静止块体

图 7.17　3D DDA 得到的块体动能

2．块体碰撞静止块体系统

由四个相同块体 B_1、B_2、B_3、B_4 组成的块体系统置于块体 B 位置（图 7.15），不同高度的块体 A 沿坡面运动，与块体系统碰撞。如图 7.18（a）所示，由试验和 3D DDA 得到的不同高度下块体 A 监测点位移接近，且块体 A 高度越大，与块体系统初始碰撞时间越迟。原因在于，高度大的块体倾倒过程中由重力势能转化而来的动能较大，完全倾倒与坡面接触碰撞后，块体可大幅翻转，延长了其与块体系统初始碰撞前的时间。进一步地，图 7.18（b）给出块体 A 代表性高度 $h=15$ cm 下，块体系统各块体监测点的位移。可以看出，由试验和 3D DDA 得到的各块体监测点位移接近，块体 B_1 与 B_2 监测点位移、块体 B_3 与 B_4 监测点位移基本一致，说明块体系统变形的对称性。相应地，表 7.8 给出块体 A 高度 $h=15$ cm 下各块体的运动过程，可以看出，块体 A 与块体系统碰撞后，块体系统变形具有对称性，块体系统发生侧向移动和转动，呈三维特征。块体 A 与块体系统碰撞前，翻转一周，使底部转到顶部，具有较大的能量，并压在块体系统上共同向下运动。从不同时刻的运动状态也可看出，试验与 3D DDA 模拟结果相一致。

同时，图 7.19 给出块体 A 在不同高度下的动能演进过程。当高度较小（$h=10$ cm）时，块体 A 经过与坡面、块体系统反复碰撞后，与块体 B_1、B_2 一起静止于坡面上，而块体 B_3、B_4 因受块体 A 冲击碰撞，滑至坡底。当高度较大（$h=15$ cm、20 cm）时，块体动能较大，经过与坡面碰撞、翻转，冲击块体系统，之后压在块体系统上，随块体系统边向下滑动边振动，动能不断上下变化。

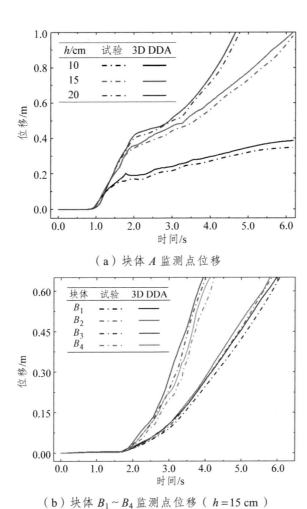

（a）块体 A 监测点位移

（b）块体 $B_1 \sim B_4$ 监测点位移（$h = 15 \, cm$）

图 7.18 试验与 3D DDA 得到的监测点位移

表 7.8 失稳块体碰撞块体系统的运动状态（$h = 15 \, cm$）

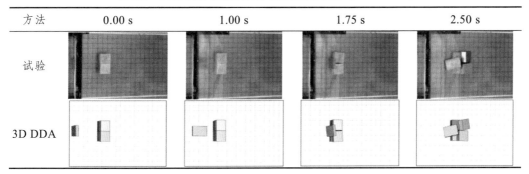

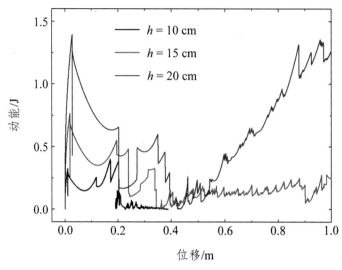

图 7.19 3D DDA 得到的块体动能

3．块体柱碰撞静止块体系统

如图 7.15 所示，由四个棱长为 5 cm 的立方块体 A_1、A_2、A_3、A_4 堆叠成块体柱置于块体 A 位置，由四个相同块体 B_1、B_2、B_3、B_4 组成的块体系统置于块体 B 位置。图 7.20（a）和（b）给出由试验和 3D DDA 得到的块体 A_1、$B_1 \sim B_4$ 监测点位移时程曲线，表 7.9 给出不同时刻块体系统运动状态。可以看出，各监测点位移相接近，且不同时刻各块体运动状态基本一致。块体柱倾倒为整体倾倒，倾倒过程中，柱底部无滑移，属纯倾倒，且块体界面间无明显错动。倾倒后，块体柱四个块体弹跳着向下运动。块体 A_4 冲击块体系统，立即回弹，碰撞正在向下运动的块体 A_3，A_3 回弹碰撞 A_2，A_2 又回弹碰撞 A_1，使得 A_1 有较大回弹位移，运动较其他块体滞后。A_1 与坡面碰撞，边微小振动边向下运动。因坡角小于摩擦角，A_1 速度逐渐减小，最终静止于坡面上。图 7.20（b）的监测点位移和表 7.9 的块体系统运动状态表明块体系统变形和运动具有对称性。

如图 7.21 所示，块体 A_1 的动能-位移曲线不断上下波动，表明块体在静止前一直存在振动。块体柱倾倒后，块体 A_1 与坡面碰撞，动能显著减小；反弹后动能稍有增大，又立即与块体 A_3 碰撞，动能再次显著减小。动能每一次衰减、增大，对应于块体与坡面或块体之间的碰撞、反弹。因此，动能演进可以描述块体碰撞过程。

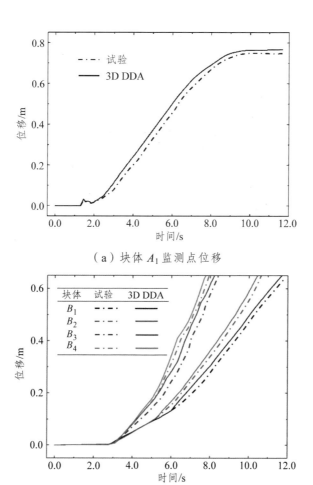

（a）块体 A_1 监测点位移

（b）块体 $B_1 \sim B_4$ 监测点位移

图 7.20 试验与 3D DDA 得到的监测点位移

表 7.9 块体柱碰撞块体系统的运动状态

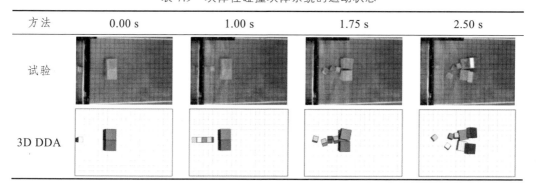

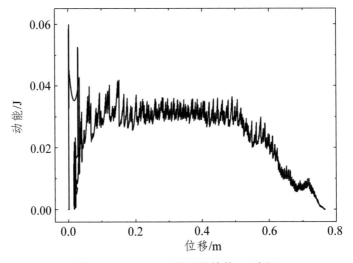

图 7.21   3D DDA 得到的块体 A_1 动能

7.3.5   柱状物阻挡块体运动

将坡角调至 30°，柱状物阻挡块体运动模型如图 7.22 所示。柱状物采用铝柱。在未设置铝柱时，试验和 3D DDA 的监测点位移时程曲线如图 7.23 所示。试验和 3D DDA 得到的运动状态分别列于表 7.10 和表 7.11。3D DDA 与试验结果均可描述为：首先，块体系统滑动，块体间产生错动；随后，块体系统倾倒，例如，粘有 MEMS 加速度传感器的块体翻转；最后，块体系统沿坡面加速运动，发生滑动、倾倒、碰撞、弹跳，且这些运动互相转换。块体系统在运动过程中，无明显侧向移动。

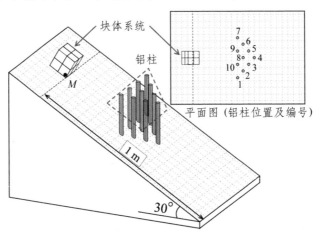

图 7.22   铝柱阻挡块体模型

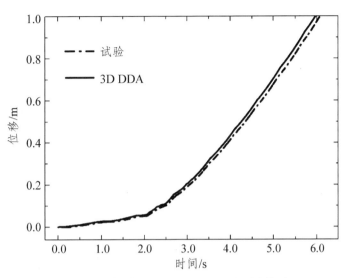

图 7.23 试验与 3D DDA 得到的监测点位移

表 7.10 试验得到的块体系统运动状态

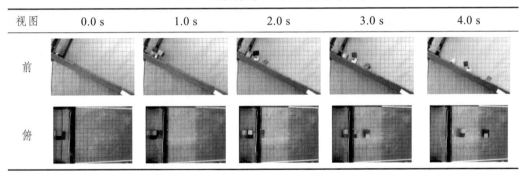

视图	0.0 s	1.0 s	2.0 s	3.0 s	4.0 s
前					
俯					

表 7.11 3D DDA 得到的块体系统运动状态

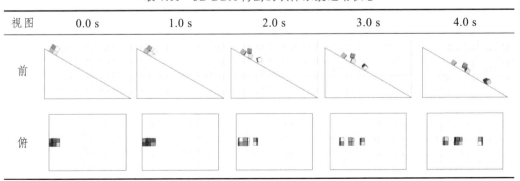

视图	0.0 s	1.0 s	2.0 s	3.0 s	4.0 s
前					
俯					

在坡面上固定 10 根铝柱,其编号和位置如图 7.22 所示。铝柱横截面为正八边形,半径 0.01 m,高度 0.2 m。这些铝柱可形成三个分布,即分别由铝柱 1 ~ 7、1 ~ 8、1 ~ 10 组成的分布 1、分布 2、分布 3。如表 7.12 所示,由试验和 3D DDA 得到铝柱对块体系统的阻挡作用,结果基本相同。其中,分布 1 的阻挡效果最佳。对于分布 2 和 3,分别有 1 个和 2 个块体离开铝柱区域,并不是所有块体均被拦截。

表 7.12　铝柱对块体系统的拦挡作用

方法	分布 1	分布 2	分布 3
试验	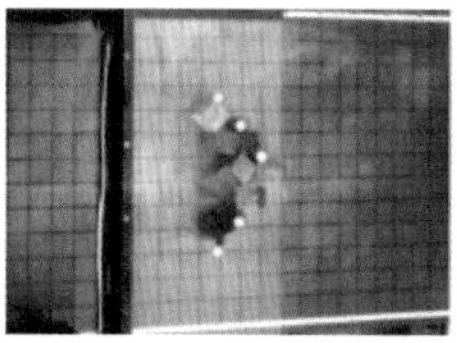	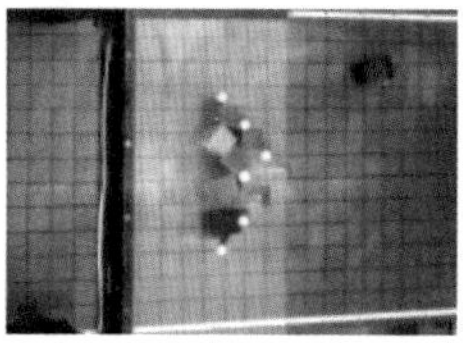	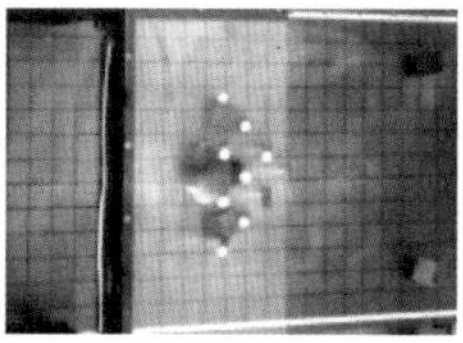
3D DDA	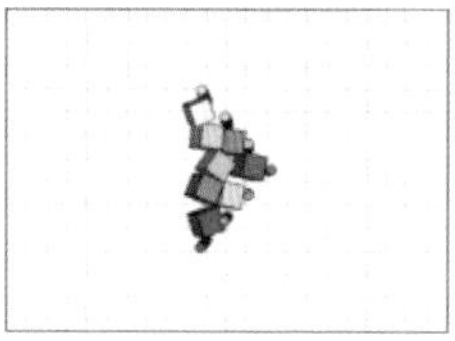	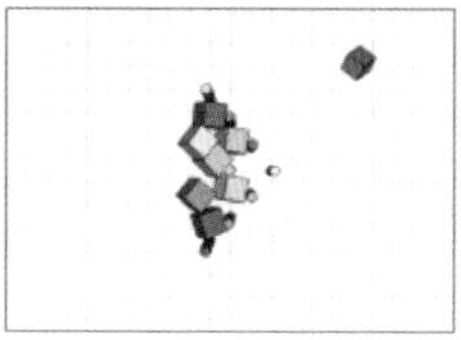	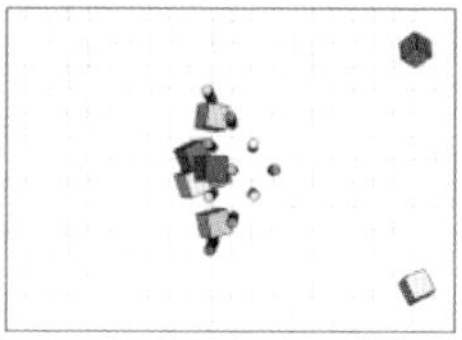

CHAPTER **8**

边坡滚石运动特征
室外试验

　　现场试验是研究滚石运动特征的重要手段。现场试验费用昂贵,人工作业繁重,又受场地选址限制,但能考虑边坡实际条件,可更加直观地反映滚石的运动特征和规律。本书研发双目立体视觉滚石现场试验系统,应用于校园边坡试验和现场试验,以研究滚石运动特征。校园边坡试验和现场试验考虑滚石不同特征、不同启落条件以及边坡不同特征,研究滚石运动特征及规律。

8.1　室外试验场地与滚石选择

8.1.1　试验场地

　　本书室外滚石试验分为两组:校园内边坡试验和野外现场试验。

　　校园边坡试验场地选择及描述如下:场地位于西藏大学纳金校区东南角的一废弃渣土堆一侧,即在西藏大学校园内开挖制作的边坡,简称校园边坡。采用挖掘机开挖三个不同坡角的边坡,记为 A、B、C,坡角分别为 60°、45°、30°,坡高均为 6.5 m,坡宽均为 2.2 m,如图 8.1 所示。开挖完成后,喷水沉降,确保边坡平整、压实。其中,边坡 B、C 表面铺透水砖,硬化坡面,以模拟岩质边坡。

图 8.1　校园边坡

　　现场试验场地选择及描述如下:在西藏自治区拉萨市墨竹工卡县肖嘎且山附近的拉萨河中上游右岸,有一段废弃不用的 G318 国道,其海拔约 3 762 m,经度 91°38′27″,纬度 29°47′54″。现场试验场地即选择在此,如图 8.2 所示。为研究边坡几何特征对滚石运动特征的影响，取三个边坡Ⅰ、Ⅱ、Ⅲ，坡高均为 8.0 m，平均坡角分别为 52°、34°、24°，坡长分别为 10.0 m、14.0 m、19.5 m。由于西藏地区特殊的高原气候环境，所选边坡覆盖层很薄，基岩裸露，只有少量杂草与低矮的灌木丛，无树木。

图 8.2　现场边坡

8.1.2　试验滚石

试验选用材质为花岗岩的岩块作为滚石，密度为 2.68 g/cm³。根据试验需要，由石材加工厂切割成标准的长方体、正方体及正八面体。块体及其编号如图 8.3 所示，相应的块体规格见表 8.1。试验中，滚石各面均贴上编码标志。

（a）长方体

（b）正方体

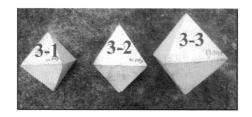

（c）正八面体

图 8.3　试验块体选择

表 8.1　试验所用的岩块规格

岩块形状	编号	尺寸/m	质量/kg
长方体	1-1	0.36×0.15×0.15	19.10
	1-2	0.40×0.20×0.20	42.45
	1-3	0.51×0.22×0.22	63.65
正方体	2-1	棱长 0.20	21.45
	2-2	棱长 0.25	41.20
	2-3	棱长 0.30	70.60
正八面体	3-1	棱长 0.26	22.40
	3-2	棱长 0.32	40.65
	3-3	棱长 0.38	68.40

8.2　双目立体视觉滚石试验系统

8.2.1　自动释放装置

为了控制不同工况下的滚石瞬时启动，研究团队自主研制了一套滚石自动释放装置，如图 8.4（a）所示，主要组件包括：电动起重机、装石框架、固定基座和电源。为了将装石框架提升到合适高度并固定电动起重机，焊接一梯形钢架作为起重机固定基座，且采用钢管约束基座以防止释放装置倾覆或失稳。滚石释放操作步骤如下：

（1）将起重机电机［图 8.4（b）］和装石框架电磁锁［图 8.4（c）］接通电源，检查起重机是否正常工作，并检查磁力锁吸力情况，确保装石框架的托石钢板完全闭合。其中，电源采用不间断电源（UPS）。

（2）将需要研究的滚石贴上编码标志，置于装石框架中，并根据试验要求确定滚石初始启落角度。

（3）按住起重机升降开关，提升装石框架至合适位置后，暂停提升。

（4）采用米尺测量装石框架高度，并根据试验要求调整装石框架高度，作为最终的滚石启落高度。

（5）坡底相机等设备准备就绪后，即可断开磁力锁电源，装石框架底板瞬时打开[图8.4（d）]，滚石自由下落。

（a）滚石自动释放装置

（b）电动起重机　（c）装石框架（通电）（d）装石框架（断电）

图 8.4　滚石自动释放装置

8.2.2　空间位置测定系统

1．坡面参考网格

为了定量记录滚石运动过程中每一时刻滚石沿坡向位置、侧向偏移和偏转，采用红色喷漆绘制坡面参考网格,如图 8.5 所示。网格覆盖整个坡面及坡底平台,现场边坡覆盖宽度为 4 m,每一方格尺寸为 1 m×1 m;校园边坡覆盖宽度为 2.2 m,每一格子尺寸为 1.1 m×1 m。还可通过坡面参考网确定滚石最终的停留位置。

图 8.5　坡面参考网格绘制

2．空间弹跳标杆

如图 8.6 所示,采用木方制作成总长为 2.2 m 的标杆,将其下部的 0.2 m 长切割成楔形,打入地面,即标杆直立于坡面上的有效高度为 2.0 m。在标杆上画上刻度,最小刻度值为 0.05 m。标杆以等间距设置于坡面上,可以通过相机捕捉到滚石每一时刻的空间弹跳高度。

图 8.6　空间弹跳标杆设置

8.2.3 双目相机立体视觉系统

采用 2 套 AcutEye 长时间高速拍摄系统组成双目相机立体视觉系统,作为滚石现场试验的监测手段。该系统各组件连接拓扑图如图 8.7 所示。双目相机立体视觉系统主要由德国进口的 Optronis 高速相机、CoaXPress 高速图像采集卡、专用同步控制器、PC 存储系统、Acute 图像数据处理软件等组成。高速相机帧速率 188 帧/s,像素 4 080 × 3 072。为了保证测量精度,2 台相机必须高精度同步拍摄,所以采用一个 AcuteSync-20K 同步控制器,可使相机同步时间精度达 1 μs。采用 12 V/150 A·h 的蓄电池与 12 V 转 220 V/1 500 W 的逆变器发电,解决了野外试验对电源持续供电的需要。

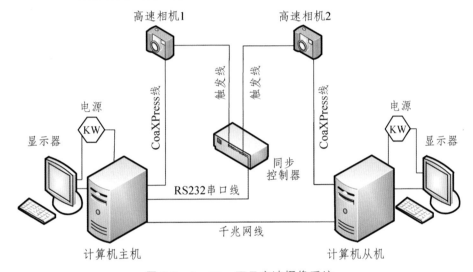

图 8.7　AcutEye 双目高速摄像系统

8.2.4 现场滚石试验系统

如图 8.8 所示,现场滚石试验系统由滚石自动释放装置、滚石空间位置测定系统、双目相机立体视觉系统、相机标定系统等部分组成。其中前三部分已在前文描述,而相机标定系统将在 8.2.5 节介绍。通过现场试验,表明该系统具有组装容易、操作简单、自动化程度高等优点,能实时精确捕捉并记录滚石空间位置、运动速度及加速度,进而分析不同工况下滚石三维运动特征及现象,并得到滚石运动轨迹及动能演进规律。

图 8.8　现场滚石试验系统

8.2.5　相机标定系统

相机标定是现场滚石试验系统布置最重要的一项工作，关系到双目相机立体视觉系统的采集精度。相机标定系统包括编码标志牌和全站仪，如图 8.8 进行布置。该项工作的基本流程如图 8.9 所示。

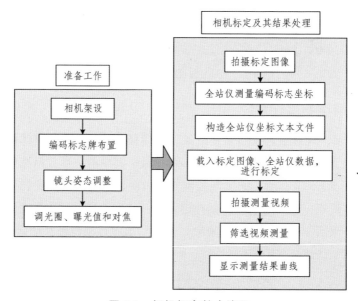

图 8.9　相机标定基本流程

标定过程中，编码标志不少于 8 个，应确保编码标志彼此不共面、不互相遮挡、分布均匀。两相机拍摄角度在 60° 左右为宜，标定图像如图 8.10 所示。采用标定软件载入两相机编码标志坐标数据和全站仪坐标数据，进行标定结果误差分析。标定误差 ≤0.3 pixel，为优；0.3 pixel < 标定误差 ≤1.0 pixel，为可用，但不理想，建议重新标定；标定误差 > 1.0 pixel，视为标定失败，这一般是由全站仪测试误差、图像模糊、大角度斜拍等引起的。如图 8.11 所示，两相机标定误差均小于 0.3 pixel，说明标定成功，可以进行后续监测工作。

（a）左侧相机　　　　　　　　（b）右侧相机

图 8.10　左右相机标定图像

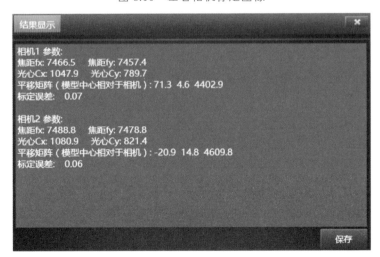

图 8.11　相机标定结果

8.2.6　试验研究指标

室外试验考虑滚石不同形状、质量、启落高度、启落角度和边坡不同几何特征等因素，研究不同工况下的滚石运动轨迹和动能演进规律。通过分析滚石运动轨迹，可以确定滚石弹跳高度变化、偏移量变化和停留在坡脚的位置。其中，启落高度 H 和启落角度 γ 的定义见图 8.12。如图 8.13 和图 8.14 所示，以校园边坡 B 和现场边坡 Ⅰ 为例，滚石偏移量由 y 表示，停留在坡脚的位置由 $K(x_0, y_0)$ 表示。滚石可能在坡面中线两侧偏移，分别由 y 和 y_0 的正负表示。滚石在运动过程中，完整性保持较好。试验结果分析中，侧向偏移 y 和动能 E_k 均采用多次试验的均值来表示，分别定义为

$$\bar{y} = \sum_{i=1}^{n} y_i / n \tag{8.1}$$

$$E_k = \frac{1}{2} m \bar{v}^2 = \frac{1}{2} m \left(\sum_{i=1}^{n} v_i / n \right)^2 \tag{8.2}$$

式中，y_i 为滚石第 i 次释放、运动过程中的侧向偏移；m 为滚石质量；v_i 为滚石第 i 次释放、运动过程中的速度；n 为同一种工况的试验次数，本节中 $n = 10$。3D DDA 计算中，若初始条件完全一致，则结果无差别，所以 3D DDA 模拟 10 次得到上述指标均值与单次模拟结果相同，即一般采用 3D DDA 一次模拟的结果与试验结果比较分析即可。

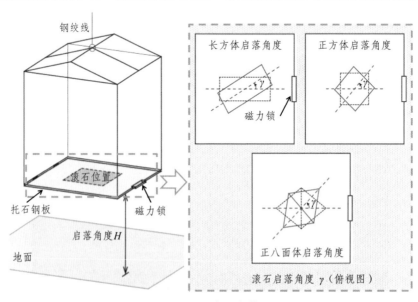

图 8.12　滚石启落

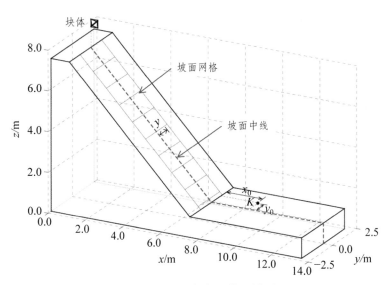

图 8.13　校园边坡 B 数学模型

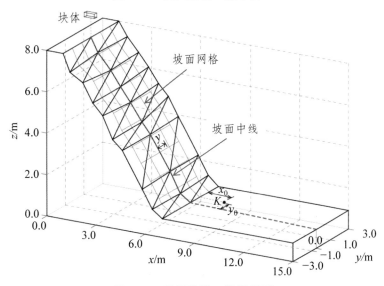

图 8.14　现场边坡 I 数学模型

8.3　校园边坡试验工况及结果分析

　　首先,开展校园边坡滚石试验。选取长方体 1-1、正方体 2-2、正八面体 3-3 为滚石,分别在边坡 A、B、C 坡顶以启落高度 $H = 1.0$ m 和启落角度 γ 释放。校园边坡形状规则,条件易控，因此，3D DDA 与校园试验结果的互相比较，可用于双目立体视觉滚石试验系统调试校正，并验证该系统的可靠性，同时也研究了滚石运动特征。建立 3D DDA 校园边坡模型，结合试验结果并通过反复试算，确定 3D DDA 人为控制参数。3D DDA 计算参数如下：$k_n = 1.0 \times 10^4$ kN/m，$k_s = 1.0 \times 10^3$ kN/m，平均摩擦角 $\varphi = 45°$，$\Delta t = 0.008$ s，$g = 9.8$ m/s^2。

8.3.1　边坡 A 滚石运动特征

启落角度 $\gamma = 0°$。图 8.15（a）给出各滚石侧向偏移 $\bar{y}$，试验得到的侧向偏移在数值上的大小比较为：1-1 > 2-2 > 3-3，而 3D DDA 模拟的滚石无偏移。滚石形状、启落条件、坡面特征等都是对称的，滚石运动在理论上无偏移。3D DDA 结果与此完全一致，这说明 3D DDA 接触分析及方程求解的精确性。试验中，三个滚石 1-1、2-2、3-3 到达坡底时的偏移量分别为 – 0.12 m、– 0.05 m、– 0.01 m，这是由于滚石碰撞坡面时，与地面存在不均匀嵌入引起的。但相对边坡整体规模而言，这些偏移很小，滚石运动总体上是对称的，双目立体视觉滚石试验系统可以准确捕捉这一过程。图 8.15（b）记录了滚石停留在坡脚的位置 $K(x_0, y_0)$，同一滚石的停留位置分布较为集中，距坡脚的距离 x_0 大小比较为：1-1 < 2-2 < 3-3。图 8.15（c）给出滚石跳跃最大高度和平均高度，二者总体上均为：1-1 > 2-2 > 3-3。滚石动能如图 8.15（d）所示，总体上为：1-1 < 2-2 < 3-3。滚石动能随着其质量的增大而增大，且动能的每一次减小都代表着滚石与坡面的碰撞。

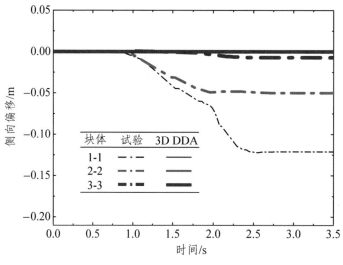

（a）侧向偏移-时间曲线

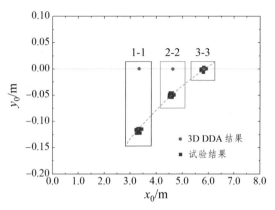

（b）停留在坡脚的位置

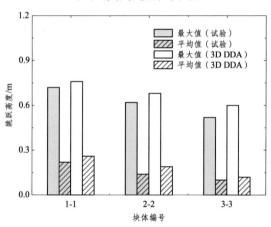

（c）跳跃高度

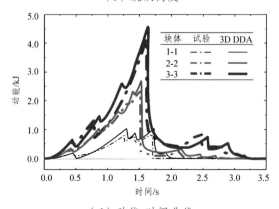

（d）动能-时间曲线

图 8.15 边坡 *A* 滚石运动特征

8.3.2　边坡 B 滚石运动特征

启落角度 $\gamma = 20°$。如图 8.16（a）所示，各滚石侧向偏移 $\bar{y}$ 在数值上的大小比较为：1-1 > 2-2 > 3-3。图 8.16（b）给出滚石停留在坡脚的位置 $K(x_0, y_0)$，距坡脚的距离 x_0 大小比较为：1-1 < 2-2 < 3-3，恰与偏移规律相反。滚石跳跃最大高度和平均高度如图 8.16（c）所示，二者总体上均为：1-1 > 2-2 > 3-3。图 8.16（d）给出滚石动能，总体上为：1-1 < 2-2 < 3-3。

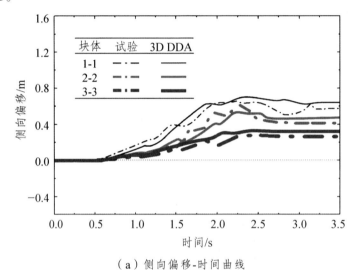

（a）侧向偏移-时间曲线

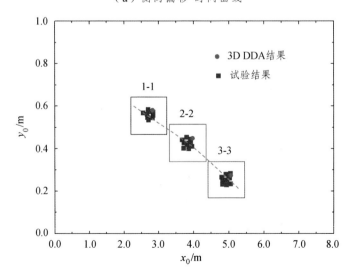

（b）停留在坡脚的位置

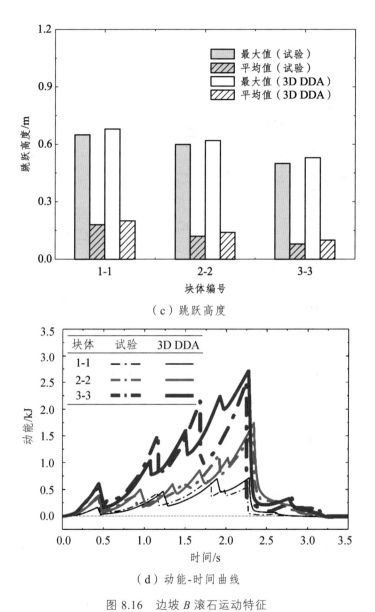

（c）跳跃高度

（d）动能-时间曲线

图 8.16　边坡 B 滚石运动特征

8.3.3　边坡 C 滚石运动特征

启落角度 $\gamma = 40°$。如图 8.17（a）所示，各滚石侧向偏移 $\bar{y}$ 在数值上的大小比较为：2-2 > 3-3 > 1-1。图 8.17（b）给出滚石停留在坡脚的位置 $K(x_0, y_0)$，距坡脚的距离 x_0 大小比较为：2-2 < 3-3 < 1-1，恰与偏移规律相反。滚石跳跃最大高度和平均高度如图 8.17

（c）所示，二者总体上均为：1-1 > 2-2 > 3-3。如图 8.17（d）所示的滚石动能，总体上为：1-1 < 2-2 < 3-3。值得注意的是，滚石 1-1 距坡脚的距离 x_0 是负值，动能在 2.5 s 即为 0，说明滚石 1-1 停留在坡 C 上，未运动至坡底。

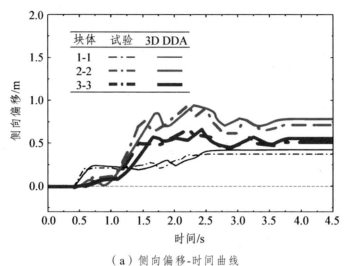

（a）侧向偏移-时间曲线

（b）停留在坡脚的位置

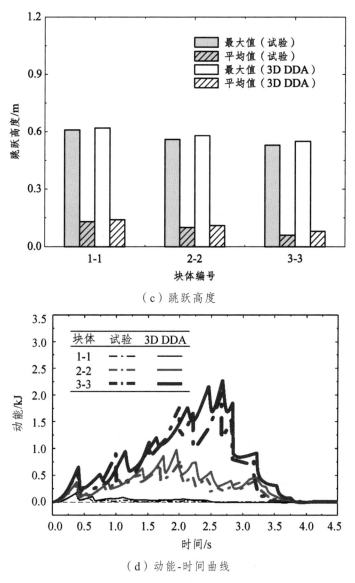

（c）跳跃高度

（d）动能-时间曲线

图 8.17　边坡 C 滚石运动特征

8.3.4　滚石运动过程分析

将滚石 2-2 切割成含有 10 个子块的散粒体，置于 $H = 1.0$ m，以 $\gamma = 0°$ 释放。试验和 3D DDA 得到的散粒体运动过程分别如图 8.18 和图 8.19 所示，表明两方法得到的结果基本一致。散粒体自由落体，与坡面碰撞，散粒体子块互相碰撞、快速分散且向下运动，能量得到大量耗散。首先，四个块体以碰撞、弹跳、翻滚、滑动等运动形式向下运动，其他位于坡顶的块体向下滑动［图 8.18（a）和图 8.19（a）］；随后，坡顶三个块体稳定下来，三个块体继续滑动，以碰撞、弹跳、翻滚、滑动等向下运动的四个块体运动范围增大，依次运动至坡底［图 8.18（b）和图 8.19（b）］；最后，坡顶三个滑动块体的其中一个块体稳定下来，另外两个向下滑动，依次滑至坡底［图 8.18（c）和图 8.19（c）］。校园边坡坡面条件较为可控，上述第 8.3.1 ~ 8.3.4 节通过 3D DDA 与校园试验结果的互相比较，验证了双目立体视觉滚石试验系统和 3D DDA 方法的可靠性。同时，说明 3D DDA 可预测滚石运动过程和范围。

（a）$t = 1.2$ s

（b）$t = 2.2$ s

（c）$t = 5.0$ s

图 8.18　试验得到的散粒体运动过程

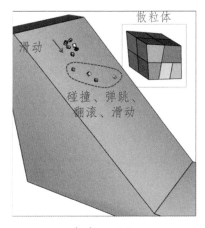

（a）$t = 1.2$ s

（b）$t = 2.2$ s

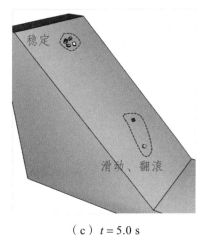

（c）$t = 5.0$ s

图 8.19　3D DDA 得到的散粒体运动过程

8.4　现场边坡试验工况及结果分析

8.4.1　滚石不同质量

现场试验对应的 3D DDA 计算的平均摩擦角 $\varphi = 50°$，$\Delta t = 0.01$ s，其余参数同 8.3 节。首先，以边坡 I 为例，取正方体 2-1、2-2、2-3，研究滚石不同质量对其运动特征的影响。假设滚石启落高度 $H = 1.0$ m，启落角度 $\gamma = 0°$，即正方体某一面正对磁力锁（图 8.12）。图 8.20（a）为滚石侧向偏移 $\overline{y}$ 时程曲线，表明滚石运动过程中其侧向偏移在数值上的总体趋势为：随着滚石质量的增加而减小，且总体上侧向偏移为负值。图 8.20（b）给出滚石停留位置 $K(x_0, y_0)$，可以看出停留位置分布较为集中，距坡脚的距离 x_0 随着滚石质量的增加而呈增大趋势。每一次停留位置总体上亦为：滚石质量越大，y_0 越小，即采用 $\bar{y}$ 可以表征滚石侧向偏移变化规律。进一步地，表 8.2 给出三个块体 x_0 和 y_0 的平均值和最大值，滚石停留在坡脚的侧向偏移量也是随着滚石质量的增加而减小，这与文献[45]的滚石偏移试验研究结果一致；但 x_0 平均值随着滚石质量的增加而增大，这与文献[103]的平台对滚石停积作用试验研究结果一致。滚石跳跃最大高度和平均高度如图 8.20（c）所示，随着滚石质量的增加，滚石跳跃高度减小。然而，滚石动能总体上随着其质量的增大而增大［图 8.20（d）］，即滚石能量与滚石质量成正相关。

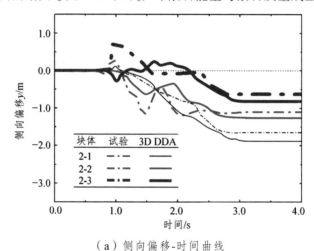

（a）侧向偏移-时间曲线

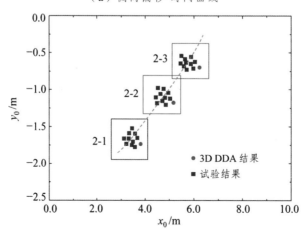

（b）停留在坡脚的位置

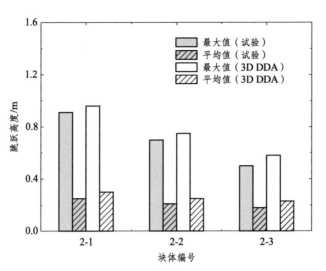

（c）跳跃高度

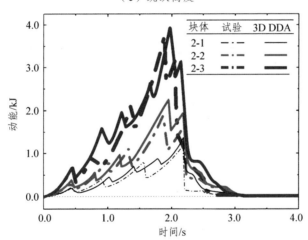

（d）动能-时间曲线

图 8.20 不同质量滚石的运动特征

表 8.2 不同质量滚石停留在坡脚的位置

块体	试验/m				3D DDA/m	
	$\overline{x}_0$	$\overline{y}_0$	$x_{0,\max}$	$y_{0,\max}$	x_0	y_0
2-1	3.46	−1.65	3.76	−1.76	3.82	−1.72
2-2	4.71	−1.09	5.05	−1.24	5.17	−1.22
2-3	5.63	−0.62	6.08	−0.74	6.19	−0.70

8.4.2　滚石不同形状

取质量相近的块体 1-2、2-2、3-2，启落角度 $\gamma = 0°$（图 8.12），在边坡 Ⅰ 上从高度 $H = 1.0$ m 处释放，研究滚石不同形状对其运动特征的影响。如图 8.21（a）所示，滚石侧向偏移 $\bar{y}$ 在数值上比较如下：长方体 > 正方体 > 正八面体，其中长方体 $\bar{y}$ 为负值，正八面体 $\bar{y}$ 在坡面中线左右变化，且静止时为接近于坡面中线的负值，侧移量很小。将滚石停留在坡脚的位置总结于图 8.21（b），每一种形状滚石停留位置的分布较为集中，长方体停留位置距坡面中线距离较大，正八面体大致分布于坡面中线附近，几乎无侧移。

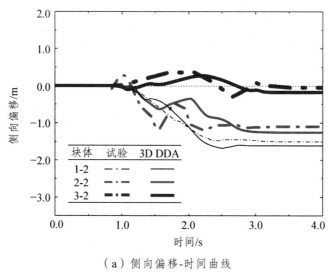

（a）侧向偏移-时间曲线

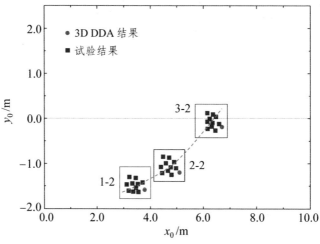

（b）停留在坡脚的位置

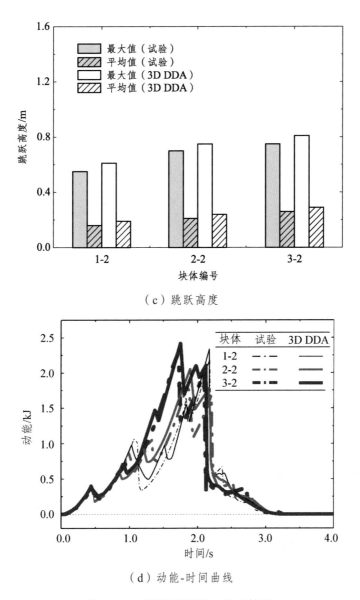

（c）跳跃高度

（d）动能-时间曲线

图 8.21 不同形状滚石的运动特征

　　相应地，表 8.3 给出三个块体 x_0 和 y_0 的平均值和最大值，x_0 数值大小为：长方体 <正方体<正八面体；y_0 数值大小为：长方体>正方体>正八面体。如图 8.21（c）所示，不同形状滚石弹跳高度的最大值和平均值比较如下：长方体<正方体<正八面体，与滚石形状对滚石侧移的影响恰好相反。滚石形状越接近于球体，滚石侧移越小，弹跳

高度和停留位置距坡脚距离越大。滚石动能变化如图 8.21（d）所示，表明滚石动能演进趋势和大小较为接近。滚石质量相近，形状对其动能影响较小。

表 8.3 不同形状滚石停留在坡脚的位置

块体	试验/m				3D DDA/m	
	$\overline{x}_0$	$\overline{y}_0$	$x_{0,max}$	$y_{0,max}$	x_0	y_0
1-2	3.43	−1.50	3.78	−1.52	3.83	−1.51
2-2	4.71	−1.09	5.05	−1.24	5.17	−1.22
3-2	6.22	−0.04	6.61	−0.31	6.80	−0.21

8.4.3 滚石不同启落高度

在边坡Ⅰ顶部，分别取启落高度 $H=0.5$ m、1.0 m 和 1.5 m，以启落角度 $\gamma=0°$ 释放块体 2-2，研究滚石不同启落高度对其运动特征的影响。图 8.22（a）给出滚石侧向偏移均值 $\overline{y}$ 时程曲线，表明启落高度越大，滚石侧向偏移越显著，且总体上侧向偏移为负值。不同启落高度的滚石停留位置 $K(x_0, y_0)$ 如图 8.22（b）所示，并将滚石停留位置坐标的平均值和最大值总结于表 8.4，表明同一启落高度每一次试验的滚石停留位置较为集中。启落高度越大，滚石停留位置的侧向偏移越大，与坡脚的距离也越大。滚石跳跃最大高度和平均高度如图 8.22（c）所示，启落高度越大，滚石运动过程的跳跃高度越大，当然，实际观测中的滚石碰撞弹跳现象也越明显。图 8.22（d）所示的滚石动能时程曲线表明，启落高度越大，滚石到达坡底的动能越大，滚石冲击能量越大，但最终稳定时间无明显规律。

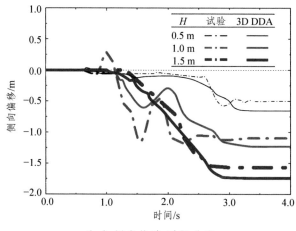

（a）侧向偏移-时间曲线

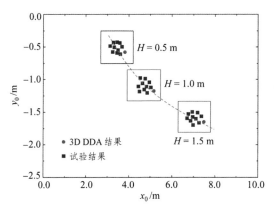

（b）停留在坡脚的位置

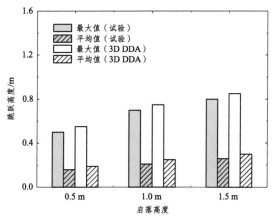

（c）跳跃高度

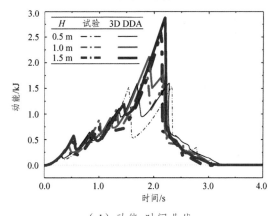

（d）动能-时间曲线

图 8.22 不同启落高度滚石的运动特征

表 8.4 不同启落高度滚石停留在坡脚的位置

启落高度	试验/m				3D DDA/m	
	$\overline{x}_0$	$\overline{y}_0$	$x_{0,\max}$	$y_{0,\max}$	x_0	y_0
$H = 0.5$ m	3.52	-0.51	3.82	-0.62	3.79	-0.58
$H = 1.0$ m	4.71	-1.09	5.05	-1.24	5.17	-1.22
$H = 1.5$ m	6.87	-1.56	7.15	-1.70	7.46	-1.62

8.4.4 滚石不同启落角度

在边坡 I 顶部,将位于 $H = 1.0$ m 的块体 2-2 分别以启落角度 $\gamma = 0°$、$20°$ 和 $40°$ 释放,研究滚石不同启落角度对其运动特征的影响。如图 8.23（a）所示,滚石侧向偏移均值 $\overline{y}$ 在数值上随着启落角度的增大而减小,可能为正值或负值,即滚石可能沿坡面中线两侧运动。滚石停留位置 $K(x_0, y_0)$ 如图 8.23（b）所示,并将滚石停留位置坐标的平均值和最大值列于表 8.5,表明启落角度越大,滚石偏移越小,与坡脚距离越大。当 $\gamma = 40°$ 时,停留位置分布于坡面中线两侧,侧向偏移较小。图 8.23（c）给出滚石跳跃最大高度和平均高度,表明滚石跳跃高度随着启落角度的增大而增大,但增大的幅度并不明显,总体上较为接近。滚石动能时程曲线如图 8.23（d）所示,不同启落角度的滚石动能最大值和演进趋势区别较小。

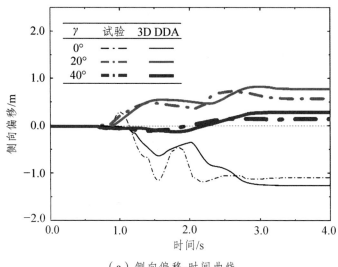

（a）侧向偏移-时间曲线

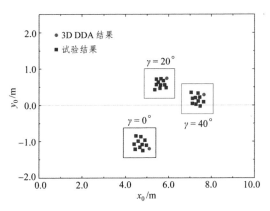

（b）停留在坡脚的位置

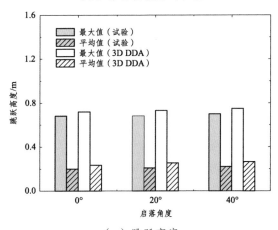

（c）跳跃高度

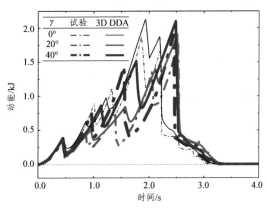

（d）动能-时间曲线

图 8.23　不同启落角度滚石的运动特征

表 8.5 不同启落角度滚石停留在坡脚的位置

启落角度	试验/m				3D DDA/m	
	$\overline{x}_0$	$\overline{y}_0$	$x_{0,max}$	$y_{0,max}$	x_0	y_0
$\gamma = 0°$	4.71	-1.09	5.05	-1.24	5.17	-1.22
$\gamma = 20°$	5.62	0.57	5.86	0.68	5.92	0.73
$\gamma = 40°$	6.48	0.15	7.58	0.47	7.60	0.31

8.4.5 边坡不同几何特征

块体 2-2 位于 $H = 1.0$ m 处且 $\gamma = 0°$，分别在边坡 I、II、III 释放，研究边坡不同几何特征对滚石运动特征的影响。从图 8.24（a）中可以看出，滚石侧向偏移均值 $\overline{y}$ 在数值上大小为：边坡 I > 边坡 III > 边坡 II，可能是正值或负值，即滚石可在坡面中线两侧运动。图 8.24（b）给出滚石停留位置 $K(x_0, y_0)$，且表 8.6 给出滚石停留位置坐标的平均值和最大值，表明边坡 I 和 II 的滚石运动至坡脚，且边坡越陡，滚石与坡脚距离越大。值得注意的是，边坡 III 的 x_0 为负值，表明滚石并未运动至坡脚，而是经反复与边坡碰撞反弹后，静止于坡面上，即坡度越缓，滚石越不易滚落。如图 8.24（c）所示，滚石跳跃最大高度和平均高度均随着边坡的变缓而减小。图 8.24（d）给出滚石动能时程曲线，滚石动能随着边坡的变缓而减小，缓坡对滚石运动有较强的消能和阻滞作用。因此，在危岩体处理中，局部削坡是避免滚石灾害发生的有效措施。

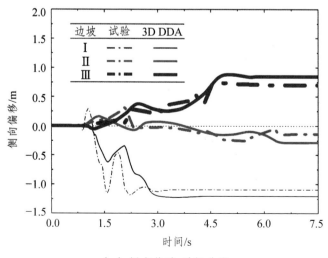

（a）侧向偏移-时间曲线

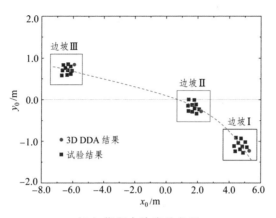

（b）停留在坡脚的位置

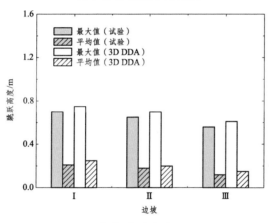

（c）跳跃高度

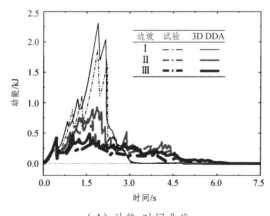

（d）动能-时间曲线

图 8.24 边坡不同几何特征滚石的运动特征

表 8.6　不同边坡几何特征滚石停留在坡脚的位置

边坡	试验/m				3D DDA/m	
	$\bar{x}_0$	$\bar{y}_0$	$x_{0,max}$	$y_{0,max}$	x_0	y_0
I	4.71	−1.09	5.05	−1.24	5.17	−1.22
II	1.65	−0.14	2.06	−0.41	2.03	−0.32
III	−6.67	0.70	−6.81	0.82	−5.95	0.79

相应地，对每一种工况均进行了 3D DDA 模拟。图 8.20 ~ 图 8.24 和表 8.2 ~ 表 8.6 均给出 3D DDA 滚石侧向偏移、停留位置、跳跃高度、动能等各项指标的变化情况，表明 3D DDA 与试验结果接近，所得各项指标变化规律相同。值得注意的是，3D DDA 模拟的滚石各项指标在数值上要比试验结果偏大，其原因主要如下：就边坡而言，3D DDA 边坡地形近似和每次试验后实际的边坡地形可能存在较小的变化；就 3D DDA 方法本身而言，一些人为参数和界面参数设置、能量耗散方式等都可能引起 3D DDA 计算结果稍大。从这些工况研究中发现，边坡几何特征对滚石运动特征的影响最为明显。

8.4.6　滚石运动过程分析

为了进一步描述滚石运动特征，本节给出 $H = 1.0$ m、$\gamma = 0°$ 条件下块体 1-2、2-2、3-2 在边坡 I 上的运动过程。图 8.25 ~ 图 8.27 分别为块体 1-2、2-2、3-2 的某一次释放后几个典型时刻的运动状态。可以看出，滚石运动由自由落体、滑移、碰撞、弹跳、滚动（翻转）、飞行（斜抛）等运动形式组成。由于滚石和坡面几何特征的影响，滚石翻转一般是绕坡面法向转动，并伴随着侧向移动。滚石运动是一个不断发生接触变换的过程，比较常见的是面-面接触、边-面接触和角-面接触，块体在坡面的翻转一般以边-面接触和角-面接触为主。滚石与坡面的接触，一直存在着滑移和翻转；滚石飞离坡面，在空中也存在着翻转运动。图 8.25 ~ 图 8.27 中，比较了 3D DDA 和试验的滚石运动过程，表明 3D DDA 与试验结果吻合，能够模拟滚石各种运动特征和现象。通过现场试验和 3D DDA 模拟研究，可以确定滚石能量、弹跳高度、运移距离和侧向运动范围，可为边坡滚石防护设施的几何尺寸和强度设计提供依据。

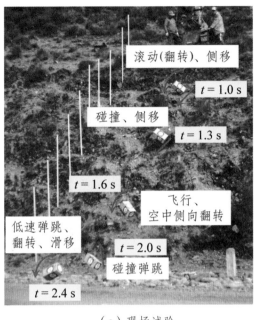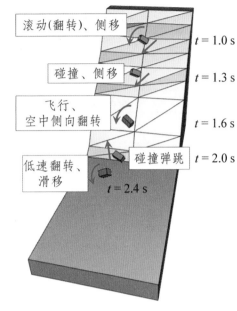

（a）现场试验	（b）3D DDA 模拟

图 8.25 块体 1-2 运动过程

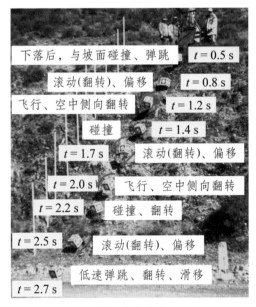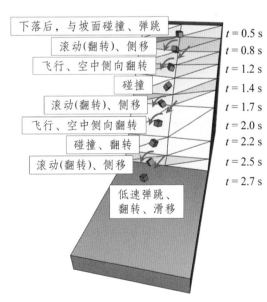

（a）现场试验	（b）3D DDA 模拟

图 8.26 块体 2-2 运动过程

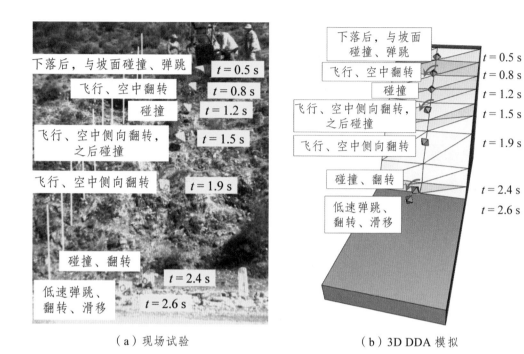

（a）现场试验　　　　　　　　（b）3D DDA 模拟

图 8.27　块体 3-2 运动过程

CHAPTER 9

西藏 G318 国道 K4580 典型边坡滑坡及崩塌滚石分析

9.1　工程概况

西藏自治区 G318 国道 K4580 典型滑坡位于拉萨市达孜区章多乡拉木村与尊木采村交界处，拉萨河左岸，且 G318 国道、拉林高速公路（高架桥）位于边坡前缘，如图 9.1 所示。图 9.2 为边坡的现场照片，滑坡趋势明显，且滑坡体上部形成较清晰的滑坡壁。整个坡体属上土下岩型，上部为碎块石土含粉质黏土，下部为变质块状花岗闪长岩。在边坡顶部存在节理发育的裸露基岩，形成规模巨大的潜在危岩体，如图 9.3 所示。在过去的几十年里，尤其是在夏季降雨和季节更替时，坡顶危岩体局部崩塌时有发生，部分滚石停积于路面，形成 G318 国道此路段的主要地质灾害。在现场调查时，发现大量因崩塌而停积在坡面上的滚石，见图 9.4，特别是在边坡顶部以下的坡度较缓地带，堆积着大量滚石或巨石。

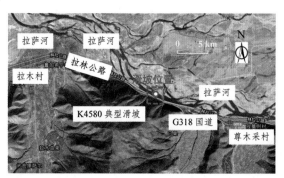

图 9.1　G318 国道 K4580 典型边坡滑坡位置

（a）

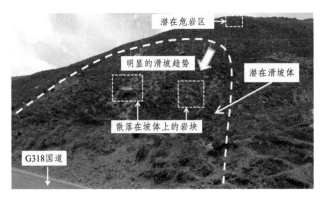

（b）

图 9.2 G318 国道 K4580 典型边坡现场照片

图 9.3 潜在危岩体

图 9.4 停积于坡面的滚石

　　边坡地形图如图 9.5 所示。在边坡上布置监测点，监测边坡变形情况。现有监测数据表明，在自然状态下，边坡处于缓慢变形的欠稳定状态；在大量降雨条件下，滑坡体有一定变形。这些表明了边坡变形和失稳破坏的可能性。由于边坡陡峭，且长期受风化、冻融、降雨、地震等复杂环境条件的影响，该边坡易发生滑坡。滑坡后，大量的岩土体滑向边坡底部。与滑坡前相比，边坡地形发生了较大变化。

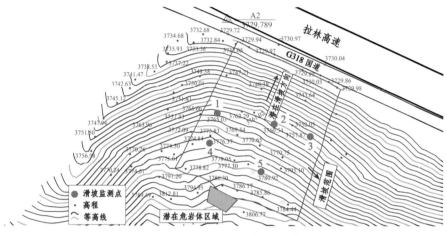

图 9.5　4580 典型边坡地形图

9.2　边坡三维 DDA 模型

　　首先，根据边坡现场情况、潜在滑坡趋势和边坡地形图，建立边坡三维模型，如图 9.6 所示。从坡体滑坡趋势分析，可以推断边坡滑坡有两种可能情况，一种为近似平面滑动的浅层滑坡，另一种为弧形滑动的深层滑坡，两种滑坡的滑裂面见图 9.6。将坡面简化为若干三角形子面，根据地形数据，可得到各子面倾向、倾角、位置等拓扑信息，并将其输入到三维块体切割程序中。经切割计算，得到 3D DDA 计算所需的几何信息，从而可建立边坡 3D DDA 模型，如图 9.7 所示，即三维块体切割是 3D DDA 的前处理程序。三维块体切割方法的详细介绍和具体实现参见 Shi[199]。边坡 3D DDA 模型中，根据滑裂面位置，将潜在滑坡体切割成若干个块体单元，且在潜在滑坡两侧施加侧向约束。浅层滑坡和深层滑坡的具体切割情况见图 9.7。3D DDA 计算参数如表 9.1 所示。

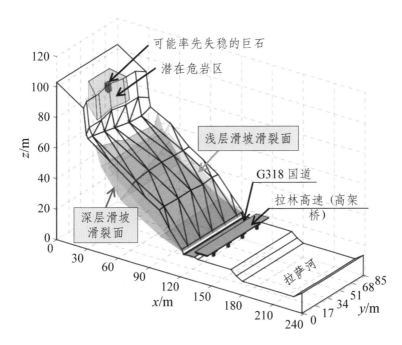

图 9.6　边坡三维几何模型

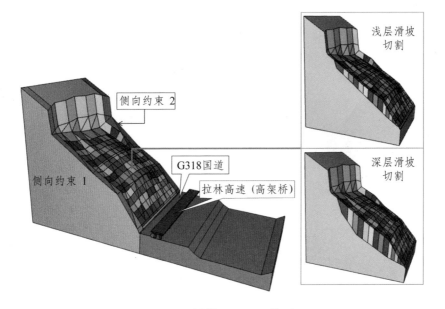

图 9.7　滑坡 3D DDA 模型

表 9.1　3D DDA 计算参数

参数	$\rho / (\mathrm{kg/m^3})$	$g / (\mathrm{m/s^2})$	$\varphi / (°)$	$c / (\mathrm{N/m^2})$	$\Delta t / \mathrm{s}$	$k_n / (\mathrm{kN/m})$	$k_s / (\mathrm{kN/m})$
取值	2 500	10.0	28.0	0.0	0.000 1	1.0×10^6	1.0×10^5

9.3　大型滑坡分析

　　浅层滑坡变形过程如图 9.8 所示。首先，滑坡体整体平面滑移，滑坡体后缘（顶部）与基岩之间发生张拉破坏，出现裂缝；滑坡体前缘（底部）与基岩之间发生剪切破坏，表现为向下错动；在边坡表面可以看到，部分块体单元之间出现裂缝［图 9.8（a）］。随着边坡滑移，滑坡体后缘一排块体单元滑移速度减小，使得滑坡体顶部与其他部分发生张拉破坏，出现裂缝；滑坡体前缘开始滑入道路，且坡体两侧滑移较慢，中间部分滑移较快［图 9.8（b）］。边坡继续滑移，滑坡体后缘一排块体单元因摩擦力和单元之间的彼此挤压而稳定下来；滑坡体前缘滑入道路后，引起道路完全堵塞［图 9.8（c）］。最后，滑坡体前缘通过桥底，堆积于道路；块体单元受到基岩摩擦力，加之单元间的相互挤压和摩擦，边坡趋于相对稳定状态，但边坡坡面出现了很多大的裂缝［图 9.8（d）］。

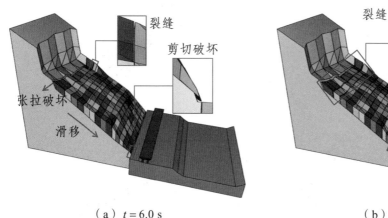

（a）$t = 6.0$ s

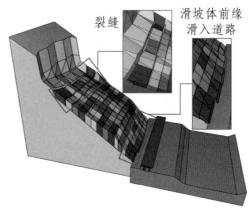

（b）$t = 9.0$ s

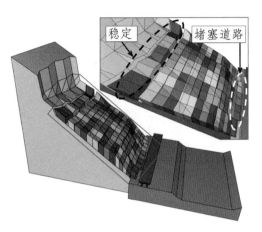

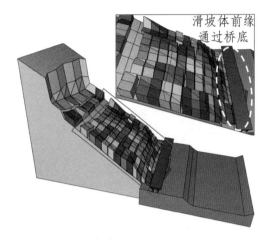

（c）t = 14.0 s   （d）t = 22.0 s

图 9.8　浅层滑坡过程

　　深层滑坡变形过程如图 9.9 所示。首先，滑坡体整体弧形滑移，后缘与基岩之间出现张拉裂缝；前缘与基岩之间发生剪切破坏，表现为向下错动，在边坡表面出现裂缝 [图 9.9（a）]，这与浅层滑坡的初始状态相似。随着边坡变形，部分块体单元之间出现剪切破坏，且有倾倒趋势；部分块体与基面之间的面-面接触转换为边-面接触，且出现空洞；滑坡体前缘出现大量裂缝 [图 9.9（b）]。边坡继续滑移，有倾倒趋势的块体单元继续转动，使得部分块体单元张开而出现裂缝，部分块体单元间发生剪切破坏，空洞继续增大；滑坡体上部地表出现下陷变形；滑坡体前缘开始滑入道路 [图 9.9（c）]。随着边坡的持续变形，张开的块体单元闭合；部分原本闭合的块体单元张开，产生裂缝；滑坡体前缘继续滑入道路，引起道路的完全堵塞；最后，块体单元受到基岩摩擦力作用，加之单元间的相互挤压和摩擦，边坡趋于相对稳定状态，但边坡地表发生了较大的下陷变形，且裂缝较多；坡体内部形成空洞 [图 9.9（d）]。此为欠稳定状态，一旦受外力扰动，即可能引发滑坡继续变形。

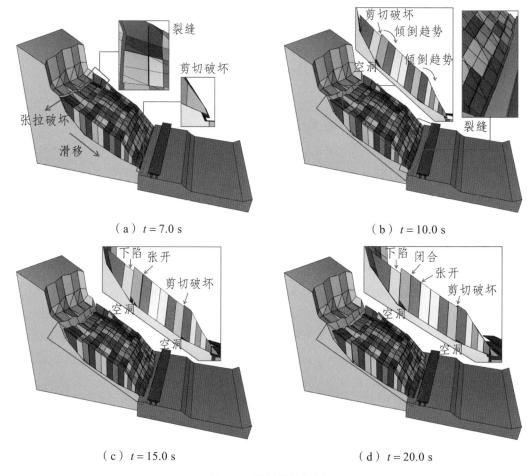

（a）t = 7.0 s

（b）t = 10.0 s

（c）t = 15.0 s

（d）t = 20.0 s

图 9.9　深层滑坡过程

9.4　巨石崩塌分析

边坡顶部潜在危岩体区域存在多组结构面，其中最为典型的结构面产状为 2°∠29°、3°∠89°、267°∠87° 和 92°∠88°。在危岩体区域形成一巨型滚石，体积约为 115 m³，可能率先失稳。为了保证边坡对滚石运动的约束条件，根据地形地貌，将图 9.6 边坡模型向两侧各拓宽 20 m，则滚石边坡 3D DDA 模型如图 9.10 所示。分别考查在危岩体失稳后，滚石沿滑坡前、浅层滑坡后和深层滑坡后三种不同坡形的滚石运动特征。三种坡形危岩体失稳及滚石运动过程（或轨迹），包括立面图和平面图，分别如图 9.11～图 9.13

所示。危岩体失稳可描述如下：起初，危岩体摩擦力不足以抵抗其驱动力，失稳模式为滑动，形成一巨石；随着滑移持续增加，巨石由滑动变为倾倒-滑动模式，再变为倾倒模式，边下落边翻转，运动至缓坡坡面，并与之碰撞。

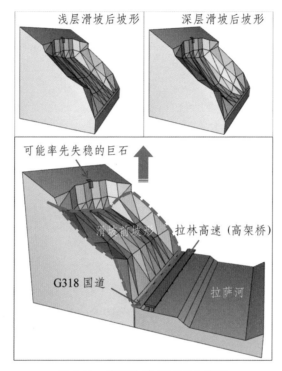

图 9.10 滚石边坡 3D DDA 模型

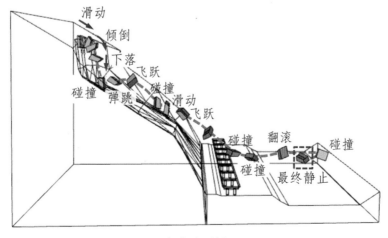

（a）立面图

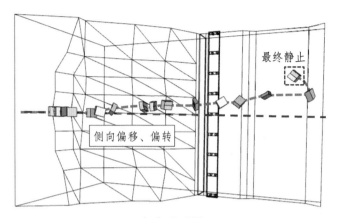

（b）平面图

图 9.11　未滑坡的边坡巨石运动轨迹

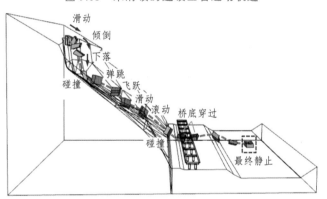

（a）立面图

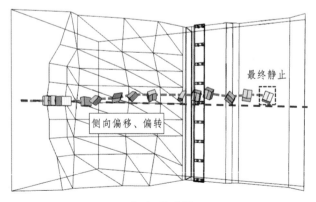

（b）平面图

图 9.12　浅层滑坡后的边坡巨石运动轨迹

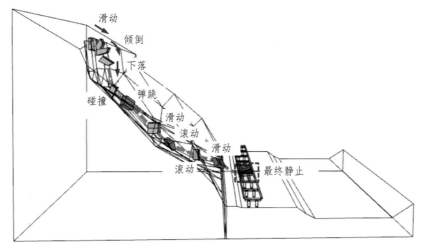

（a）立面图

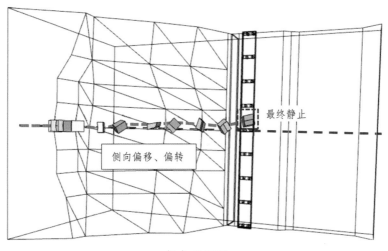

（b）平面图

图 9.13 深层滑坡后的边坡巨石运动轨迹

　　巨石在坡面上的运动表现为碰撞、弹跳（飞跃）、滚动、滑动等多种运动形式，一旦发生将会威胁 G318 国道和拉林高速（高架桥）交通运输。三种坡形滚石运动总体情况如下：① 在未滑坡坡面上，巨石最后从坡面飞跃，越过高架桥，运动至坡底；此阶段，巨石与高架桥边缘发生碰撞；随后，经过碰撞、弹跳、滚动、滑动，进入拉萨河，并与其岸坡碰撞反弹，最后静止于拉萨河中（图 9.11）。② 在浅层滑坡后的坡面上，巨石与坡面碰撞后，滑入并穿过高架桥桥底；此阶段，巨石与高架桥桥墩发生碰撞；经过滑动、滚动，进入拉萨河，最终稳定于拉萨河中（图 9.12）。③ 在深层滑坡后的坡面上，巨石滑入高架桥底，并稳定于桥底；此阶段，巨石与高架桥桥墩发生多次碰撞（图 9.13）。从运动过程可以看出，巨石受自身形状和边坡形状影响，运动过程中发生侧向偏移和偏转，且偏移量大小比较为：未滑坡 > 浅层滑坡后 > 深层滑坡后。

不同坡形的巨石动能-时间曲线如图 9.14 所示。巨石运动至坡底并发生碰撞的时间比较为：未滑坡 > 浅层滑坡后 > 深层滑坡后，即滑坡后巨石运动至坡底的时间明显减小。巨石最终稳定时间比较为：未滑坡 > 浅层滑坡后 > 深层滑坡后。对于同一滚石，速度反映其动能的演进趋势，即未滑坡情况下巨石运动动能较大，不易稳定。深层滑坡后的巨石进入高架桥底后，速度发生多次突变，表明巨石与桥身或桥墩发生多次碰撞，这对桥梁的损坏十分严重。

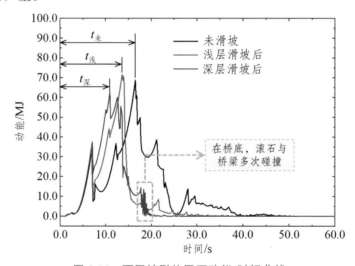

图 9.14   不同坡形的巨石动能-时间曲线

Asteriou 和 Tsiambaos[50]根据大量试验结果提出了滚石运动侧向偏移的经验模型。运动偏差 e 定义为块体与坡面碰撞前后轨迹所在平面间的二面角，如图 9.15（a）所示。相对于坡向倾斜碰撞的轨迹方向如图 9.15（b）所示，碰撞前后的方向差由 $\Delta\psi$ 表示。与坡角 α 相关的运动角度偏差第 5 百分位数和第 95 百分位数的界限，即 $e_{5\%}$ 和 $e_{95\%}$，分别如下：

$$e_{5\%} = \alpha\Delta\psi/100 + 0.13\alpha - 10.8 \tag{9.1}$$

$$e_{95\%} = 12e^{\Delta\psi(0.0002\alpha+0.01)} \tag{9.2}$$

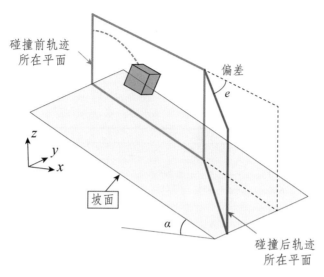

（a）偏差 e 的定义

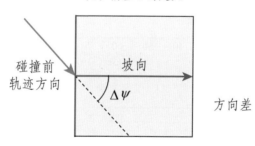

（b）相对坡向倾斜碰撞的轨迹方向

图 9.15　滚石运动侧向偏移经验模型

　　未滑坡、浅层滑坡后、深层滑坡后的边坡坡角 α 平均值分别近似为 35°、39°、45°。对于每一坡角，采用该巨石作三组测试，每组测试重复进行 20 次。3D DDA 模拟的入射特征列于表 9.2。分别由经验模型式（9.1）和式（9.2）给出不同坡形块体运动角度偏差 $e_{5\%}$ 和 $e_{95\%}$，如图 9.16 所示，并总结了每一组测试的 3D DDA 模拟结果。三种坡形边坡得到的运动偏差 e 基本上在 $e_{5\%}$ 和 $e_{95\%}$ 范围内或者边界附近，表明 3D DDA 与经验模型结果吻合较好，同时，说明该经验模型也适用于体积较大的巨石运动。三种坡形巨石运动偏差 e 落在分位数边界外的个数比较为：未滑坡＞浅层滑坡后＞深层滑坡后，即未滑坡的巨石侧向偏移最为明显，这与图 9.11～图 9.13 数值模拟巨石运动轨迹偏移结果相一致。

表 9.2　3D DDA 模拟的入射特征（平均值/标准差）

分组	测试	方向差 $\Delta\psi$ /(°)	入射角 ϕ_i /(°)	入射速度 v_i /(m/s)
1	20	30.0/4.1	26.5/3.3	6.5/2.5
2	20	60.0/6.5	35.1/3.2	6.8/2.9
3	20	80.0/8.2	38.5/2.5	7.0/2.4

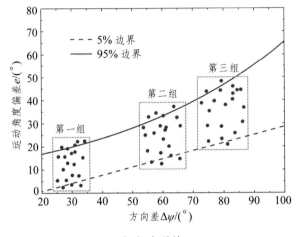

（a）未滑坡

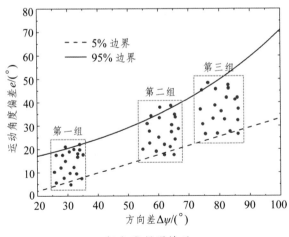

（b）浅层滑坡后

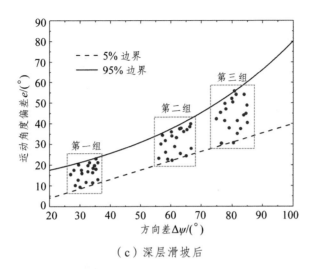

（c）深层滑坡后

图 9.16　3D DDA 与经验模型预测结果的比较

9.5　大型崩塌分析

实际上，潜在危岩体区域被几组结构面切割，形成大型危岩体。其中最主要的结构面是上述产状为 267°∠87° 和 92°∠88° 的两组结构面，将危岩体切割成若干子块体，其 3D DDA 模型如图 9.17（a）所示。危岩体失稳过程及细部破坏立面图、俯视图如图 9.17 的（b）～（d）所示。首先，危岩体整体滑动，后端与母岩间产生张拉裂缝，前端有倾倒趋势，顶部出现较多裂缝，且块体层间因剪切破坏而错开 ［图 9.17（b）］。危岩体变形增大，内部块体滑动位移、张拉裂缝、倾倒位移等显著增大，前端有倾倒趋势的块体呈现出下落趋势 ［图 9.17（c）］。随后，危岩体前端块体脱离母岩而下落，下落过程伴随翻滚和抛射运动 ［图 9.17（d）］。综上，该危岩体失稳模式总结为以滑移为主，局部倾倒破坏，脱离母岩时边下落边翻滚，并存在滚石抛射现象。

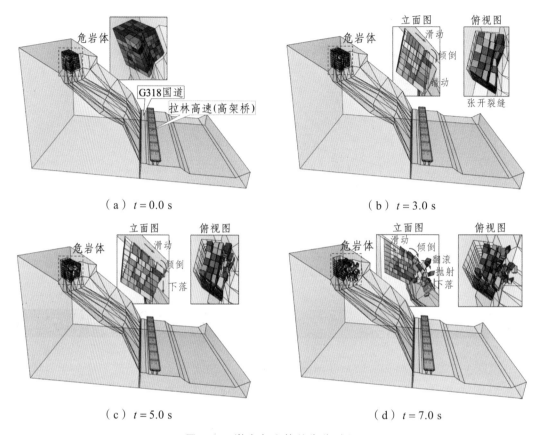

（a）$t = 0.0$ s　　　　　　　　　　　　　　　（b）$t = 3.0$ s

（c）$t = 5.0$ s　　　　　　　　　　　　　　　（d）$t = 7.0$ s

图 9.17　潜在危岩体的失稳过程

图 9.18～图 9.20 分别给出危岩体崩塌后沿未滑坡、浅层滑坡后和深层滑坡后的边坡运动过程。危岩体随着内部块体的滑移和倾倒及块体间的张开和错动，其变形不断增大，脱离母岩而坠落于坡面的块体不断增多，并相继沿坡面向下运动，包括滑动、滚动、碰撞、弹跳、斜抛（或抛射），其中，滚动包括侧向偏转，碰撞包括滚石与周围多个滚石和坡面的碰撞。大量滚石沿坡面运动形成一个运动范围，大小比较为：未滑坡＞浅层滑坡后＞深层滑坡后，即未滑坡的边坡滚石分布最为分散，影响范围和威胁区域最广，对坡脚的道路和高架桥冲击作用也最为分散。对于浅层滑坡后和深层滑坡后的边坡，滚石对道路和高架桥产生集中冲击，这种冲击破坏作用较为强烈，可能冲垮桥梁。大体积崩塌后，坡顶危岩体区域遗留的子块体断断续续滚落至坡底，冲击道路和桥梁，形成次生滚石灾害。随着危岩体区域子块体数量减小，先后下落时间间隔增大，这可能给行人造成滚石已经完全滚落、可以通行的错觉，这是非常危险的。因此，在大体积滚石灾害

发生后，应绕行以避免后期滚石偶然下落，引起伤亡。

滚石运移至坡底而停积下来，停积位置主要集中在桥梁附近和拉萨河中。未滑坡的边坡部分滚石沿桥梁分散停积，停积区域呈条形［图 9.18（f）］；浅层滑坡后和深层滑坡后的边坡部分滚石在桥梁附近集中分布，停积区域呈椭圆形［图 9.19（f）和图 9.20（f）］，其中深层滑坡后的滚石停积更加集中，且停积范围较小。滚石不仅分布于公路和桥底，个别滚石还分布于桥面上。另一部分滚石运移至拉萨河中，可能造成河水上涨。尤其是深层滑坡后落入河中的滚石方量最大，可能引起河流堵塞。滚石停积位置和范围决定了这段国道和高速公路完全瘫痪，且由于总体方量较大，短期清理较为困难，应该及时做好绕行对策。值得注意的是，坡顶危岩体区域仍有 4 个子块体处于欠稳定状态，在降雨条件下，有可能进一步变形失稳，应及时清理，以防次生灾害发生。大体积危岩体崩塌后，坡顶其他部位有可能因卸荷而有节理发育，使得原本稳定的岩体趋于欠稳定状态，诱发新的崩塌滚石灾害，因此，应该再次检查坡顶其他部位。同时，应该检查坡面上是否有滚石停留，须清理停留的滚石。

3D DDA 不仅能够分析滚石失稳模式、运动速度（或动能）、轨迹和运动过程，也能够预测滚石运动范围、停积位置和影响区域。这对预测边坡灾害、制订防灾对策、减少人员伤亡等具有重要意义。

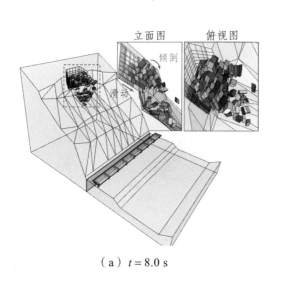

（a）t = 8.0 s

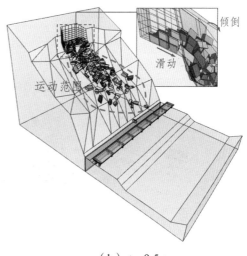

（b）t = 9.5 s

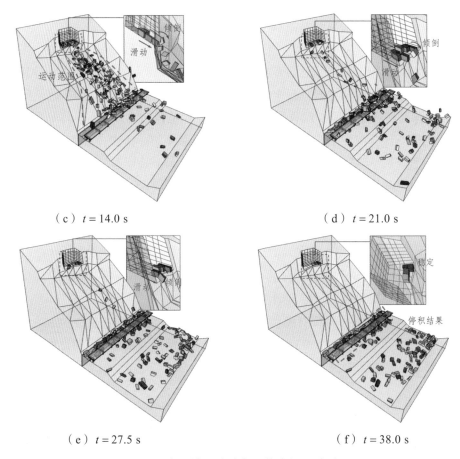

（c）$t = 14.0$ s　　　　　　　　　　（d）$t = 21.0$ s

（e）$t = 27.5$ s　　　　　　　　　　（f）$t = 38.0$ s

图 9.18　未滑坡的边坡危岩体崩塌运动过程

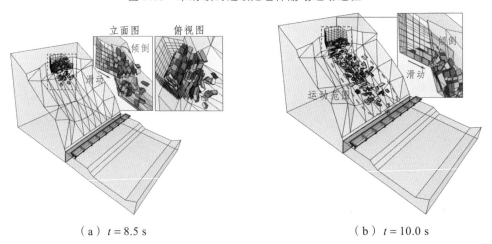

（a）$t = 8.5$ s　　　　　　　　　　（b）$t = 10.0$ s

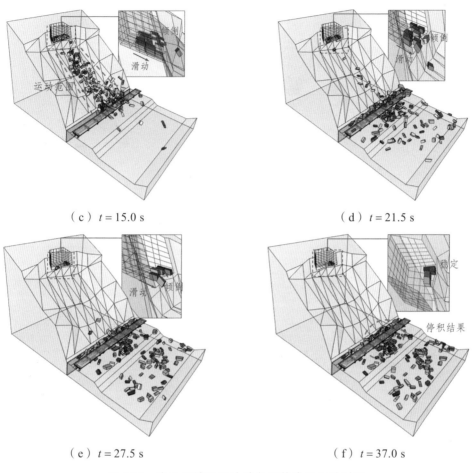

（c）$t = 15.0$ s

（d）$t = 21.5$ s

（e）$t = 27.5$ s

（f）$t = 37.0$ s

图 9.19　浅层滑坡后的边坡危岩体崩塌运动过程

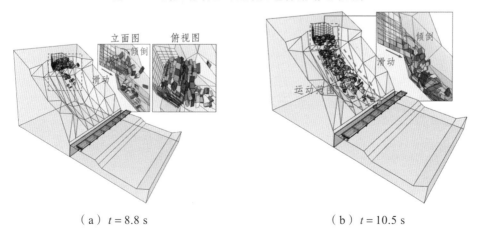

（a）$t = 8.8$ s

（b）$t = 10.5$ s

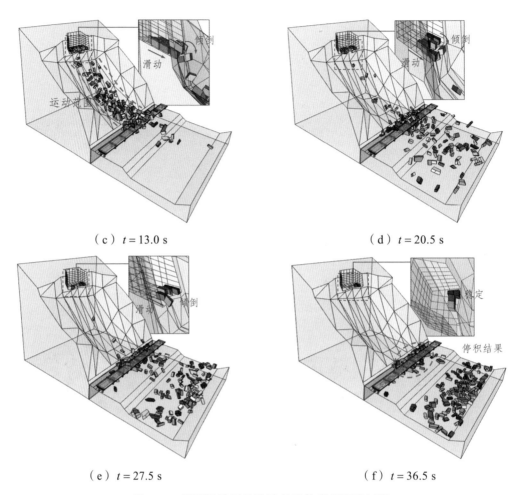

（c）$t = 13.0$ s　　　　　　　　　（d）$t = 20.5$ s

（e）$t = 27.5$ s　　　　　　　　　（f）$t = 36.5$ s

图 9.20　深层滑坡后的边坡危岩体崩塌运动过程

主要参考文献

[1]   叶万军，王贵荣，刘慧. 2017. 边坡工程[M]. 徐州：中国矿业大学出版社.

[2]   黄润秋. 2012. 岩石高边坡稳定性工程地质分析[M]. 北京：科学出版社.

[3]   张世殊，张建海，刘恩龙. 2014. 危岩体孕育失稳过程与物理机制[M]. 北京：中国水利水电出版社.

[4]   RITCHIE A. 1963. Evaluation of rock fall and its control[C]. Washington: Highway Research Record, 17.

[5]   章广成，唐辉明，吕庆，等. 2016. 斜坡落石研究[M]. 北京：科学出版社.

[6]   SPANG R M. 1987. Protection against rockfall—stepchild in the deign of rock slopes[C]. Montreal, Canada: The 6th International Congress on Rock Mechanics.

[7]   何思明，王东坡，吴永，等. 2015. 崩塌滚石灾害形成演化机理与减灾关键技术[M]. 北京：科学出版社.

[8]   胡厚田. 1989. 崩塌与落石[M]. 北京：中国铁道出版社.

[9]   孙云志，任自民，王立，等. 1994. 奉节李子垭危岩体稳定性研究[J]. 人民长江，25（9）：48-53.

[10]   黄润秋，王贤能，唐胜传. 1999. 热应力的交变作用对边坡危岩体形成的影响[J]. 自然科学进展，9（8）：716-722.

[11]   CHEN H, TANG H, YE S. 2006. Damage model of control fissure in perilous rock[J]. Applied Mathematics and Mechanics, 27（7）：967-974.

[12]   胥良，李云贵，刘艳梅. 2008. 川西 108 国道高位崩塌成因与运动特征[J]. 水文地质工程地质，（3）：28-31.

[13]   王建明，陈忠辉，周子涵，等. 2019. 爆破和降雨作用下诱发含后缘裂缝岩质边坡失稳机制研究[J]. 中国安全生产科学技术，15（1）：62-68.

[14]   杜永廉，吴玉庚，刘竹华，等. 1994. 链子崖危岩体裂缝生成机制和发展过程的地质力学模拟[J]. 中国地质灾害与防治学报，5（3）：70-78.

[15] 张奇华，彭光忠，付少兰，等. 1998. 链子崖危岩体变形破坏系统辨识[J]. 岩石力学与工程学报，17(5)：66-73.

[16] HOEK E, BRAY J. 1981. Rock slope engineering[M]. London: Institute of Mining and Metallurgy.

[17] ASHFIELD J. 2001. The computer simulation and prediction of rock fall[D]. Durham: Durham University.

[18] MATSUOKA N, SAKAI H. 1999. Rockfall activity from an alpine cliff during thawing periods[J]. Geomorphology, 28(3): 309-328.

[19] SASS O. 2005. Temporal variability of rockfall in the Bavarian Alps, Germany[J]. Arctic, Antarctic, and Alpine Research, 37(4): 564-573.

[20] STOFFEL M, SCHNEUWLY D, BOLLSCHWEILER M, et al. 2005. Analyzing rockfall activity (1600–2002) in a protection forest—A case study using dendrogeomorphology[J]. Geomorphology, 68(3/4): 224-241.

[21] PERRET S, STOFFEL M, KIENHOLZ H. 2006. Spatial and temporal rockfall activity in a forest stand in the Swiss Prealps—A dendrogeomorphological case study[J]. Geomorphology, 74(1/4): 219-231.

[22] WASOWSKI J, GAUDIO V. 2000. Evaluating seismically induced mass movement hazard in Caramanico Terme (Italy)[J]. Engineering Geology, 58(3): 291-311.

[23] STROM A L, KORUP O. 2006. Extremely large rockslides and rock avalanches in the Tien Shan Mountains, Kyrgyzstan[J]. Landslides, 3(2): 125-136.

[24] MARZORATI S, LUZI L, DE AMICIS M. 2002. Rock falls induced by earthquakes: A statistical approach[J]. Soil Dynamics and Earthquake Engineering, 22(7): 565-577.

[25] VALAGUSSA A, FRATTINI P, CROSTA G B. 2014. Earthquake-induced rockfall hazard zoning[J]. Engineering Geology, 182: 213-225.

[26] STOFFEL M, BALLESTEROS C J, LUCKMAN B H, et al. 2019. Tree-ring correlations suggest links between moderate earthquakes and distant rockfalls in the Patagonian Cordillera[J]. Scientific reports, 9(1): 12112.

[27] PARONUZZI P. 2009. Rockfall-induced block propagation on a soil slope,

northern Italy[J]. Environmental Geology, 58(7): 1451-1466.

[28] ATTEWELL P, FARMER I. 1976. Principles of engineering geology[M]. London: [s.n].

[29] GENIŞ M, SAKıZ U, ÇOLAK AYDıNER B. 2017. A stability assessment of the rockfall problem around the Gökgöl Tunnel (Zonguldak, Turkey)[J]. Bulletin of Engineering Geology and the Environment, 76(4): 1237-1248.

[30] DESCOEUDRES F, ZIMMERMANN T H. 1987. Three-dimensional dynamic calculation of rockfalls[C]. Montreal, Canada: The 6th International Congress on Rock Mechanics.

[31] 苏学清. 1991. 宝成铁路朝天至观音坝段崩塌、落石灾害发育规律的分析研究[J]. 地质灾害与防治, 2（1）：80-91.

[32] 刘慧明. 2012. 长白山天池地区龙门峰崩塌落石运动轨迹研究[D]. 长春: 吉林大学.

[33] 裴向军, 黄润秋, 裴钻, 等. 2011. 强震触发崩塌滚石运动特征研究[J]. 工程地质学报, 19（4）：498-504.

[34] 蔡红刚, 裴向军, 吴景华, 等. 2011. 强震抛射型崩塌滚石运动特征研究[J]. 长春工程学院学报（自然科学版）, 12（3）：1-4.

[35] 程强, 苏生瑞. 2014. 汶川地震崩塌滚石坡面运动特征[J]. 岩土力学, 35（3）：772-776.

[36] 吕庆, 孙红月, 翟三扣, 等. 2003. 边坡滚石运动的计算模型[J]. 自然灾害学报, 12（2）：79-84.

[37] 韩俊艳, 陈红旗, 杜修力. 2010. 典型斜坡滚石运动的理论计算研究[J]. 水文地质工程地质, 37（4）：92-96.

[38] 何思明, 吴永, 李新坡. 2009. 滚石冲击碰撞恢复系数研究[J]. 岩土力学, 30（3）：623-627.

[39] 何思明, 吴永, 杨雪莲. 2008. 滚石坡面冲击回弹规律研究[J]. 岩石力学与工程学报, 27（S1）：2793-2798.

[40] IRFAN M, CHEN Y. 2017. Segmented loop algorithm of theoretical calculation of trajectory of rockfall[J]. Geotechnical and Geological Engineering, 35(1): 377-384.

[41] ZAMBRANO O M. 2008. Large rock avalanches: A kinematic model[J]. Geotechnical and Geological Engineering, 26(3): 283-287.

[42] WARREN D S. 1998. Rocfall: A tool for probabilistic analysis, design of remedial measures avd prediction of rockfalls[D]. Toronto: University of Toronto.

[43] AZZONI A, BARBERA G L, ZANINETTI A. 1995. Analysis and prediction of rockfalls using a mathematical model[J]. International Journal of Rock Mechanics and Mining Sciences and Geomechanics Abstracts, 32(7): 709-724.

[44] BOURRIER F, ECKERT N, NICOT F, et al. 2009. Bayesian stochastic modeling of a spherical rock bouncing on a coarse soil[J]. Natural Hazards and Earth System Sciences, 9(3): 831-846.

[45] 叶四桥, 陈洪凯, 唐红梅. 2011. 落石运动过程偏移与随机特性的试验研究[J]. 中国铁道科学, 32（3）: 74-79.

[46] 黄润秋, 刘卫华, 周江平, 等. 2007. 滚石运动特征试验研究[J]. 岩土工程学报, 29（9）: 1296-1302.

[47] 黄润秋, 刘卫华. 2009. 基于正交设计的滚石运动特征现场试验研究[J]. 岩石力学与工程学报, 28（5）: 882-891.

[48] SPANG R M. 1998. Rockfall barriers-design and practise in Europe[C]. Proc. One Day Seminar on Planning, Design and Implementation of Debris Flow and Rockfall Hazards Mitigation Measures, Hong Kong.

[49] OKURA Y, KITAHARA H, SAMMORI T, et al. 2000. The effects of rockfall volume on runout distance[J]. Engineering Geology, 58(2): 109-124.

[50] ASTERIOU P, TSIAMBAOS G. 2016. Empirical model for predicting rockfall trajectory direction[J]. Rock Mechanics and Rock Engineering, 49(3): 927-941.

[51] DORREN L K A, MAIER B, PUTTERS U S, et al. 2004. Combining field and modelling techniques to assess rockfall dynamics on a protection forest hillslope in the European Alps[J]. Geomorphology, 57(3/4): 151-167.

[52] SPADARI M, GIACOMINI A, BUZZI O, et al. 2012. In situ rockfall testing in New South Wales, Australia[J]. International Journal of Rock Mechanics and Mining Sciences, 49: 84-93.

[53] GIACOMINI A, BUZZI O, RENARD B, et al. 2009. Experimental studies on fragmentation of rock falls on impact with rock surfaces[J]. International Journal of Rock Mechanics and Mining Sciences, 46(4): 708-715.

[54] GIANI G P, GIACOMINI A, MIGLIAZZA M, et al. 2004. Experimental and theoretical studies to improve rock fall analysis and protection work design[J]. Rock Mechanics and Rock Engineering, 37(5): 369-389.

[55] MA G, MATSUYAMA H, NISHIYAMA S, et al. 2011. Practical studies on rockfall simulation by DDA[J]. Journal of Rock Mechanics and Geotechnical Engineering, 3(1): 57-63.

[56] 亚南, 王兰生, 赵其华, 等. 1996. 崩塌落石运动学的模拟研究[J]. 地质灾害与环境保护, 7(2): 25-32.

[57] 朱彬. 2010. 岩质边坡滚石运动特性及防护研究[D]. 重庆: 重庆大学.

[58] 唐红梅. 2011. 群发性崩塌灾害形成机制与减灾技术[D]. 重庆: 重庆大学.

[59] 柳宇. 2012. 滚石坡面运动恢复系数研究[D]. 成都: 成都理工大学.

[60] 黄小福. 2016. 地震条件下崩塌落石运动特性研究[D]. 成都: 西南交通大学, 2016.

[61] 胡聪. 2014. 高陡边坡危岩体失稳机理及其崩塌滚石运动规律[D]. 济南: 山东大学.

[62] LI L, SUN S, LI S, et al. 2016. Coefficient of restitution and kinetic energy loss of rockfall impacts[J]. KSCE Journal of Civil Engineering, 20(6): 2297-2307.

[63] CHAU K T, WONG R H C, WU J J. 2002. Coefficient of restitution and rotational motions of rockfall impacts[J]. International Journal of Rock Mechanics and Mining Sciences, 39(1): 69-77.

[64] BUZZI O, GIACOMINI A, SPADARI M. 2012. Laboratory investigation on high values of restitution coefficients[J]. Rock Mechanics and Rock Engineering, 45(1): 35-43.

[65] MANZELLA I, LABIOUSE V. 2009. Flow experiments with gravel and blocks at small scale to investigate parameters and mechanisms involved in rock avalanches[J]. Engineering Geology, 109(1-2): 146-158.

[66] PALMA B, PARISE M, REICHENBACH P, et al. 2012. Rockfall hazard

assessment along a road in the Sorrento Peninsula, Campania, southern Italy[J]. Natural Hazards, 61(1): 187-201.

[67] GUZZETTI F, CROSTA G, DETTI R, et al. 2002. STONE: A computer program for the three-dimensional simulation of rock-falls[J]. Computers and Geosciences, 28(9): 1079-1093.

[68] BINAL A, ERCANOĞLU M. 2010. Assessment of rockfall potential in the Kula (Manisa, Turkey) Geopark Region[J]. Environmental Earth Sciences, 61(7): 1361-1373.

[69] 贺咏梅. 2011. 高陡岩质斜坡崩落岩体运动参数、击浪高度及其对工程影响研究[D]. 成都: 成都理工大学,.

[70] 郑智能，张永兴，董强，等. 2008. 边坡落石灾害的颗粒流模拟方法[J]. 中国地质灾害与防治学报，19(3): 46-49.

[71] 向欣. 2010. 边坡落石运动特性及碰撞冲击作用研究[D]. 武汉: 中国地质大学.

[72] BOZZOLO D, PAMINI R. 1986. Simulation of rock falls down a valley side[J]. Acta Mechanica, 63(1-4): 113-130.

[73] ANSARI M K, AHMAD M, SINGH R, et al. 2014. Rockfall hazard assessment at Ajanta Cave, Aurangabad, Maharashtra, India[J]. Arabian Journal of Geosciences, 7(5): 1773-1780.

[74] LEINE R I, SCHWEIZER A, CHRISTEN M, et al. 2014. Simulation of rockfall trajectories with consideration of rock shape[J]. Multibody System Dynamics, 32(2): 241-271.

[75] CHEN G. 2003. Numerical modelling of rock fall using extended DDA[J]. Chinese Journal of Rock Mechanics and Engineering, 22(6): 926-931.

[76] WU J, OHNISHI Y, NISHIYAMA S. 2005. A development of the discontinuous deformation analysis for rock fall analysis[J]. International Journal for Numerical and Analytical Methods in Geomechanics, 29(10): 971-988.

[77] WU Z, WONG L N Y. 2014. Underground rockfall stability analysis using the numerical manifold method[J]. Advances in Engineering Software, 76: 69-85.

[78] LAN H, DEREK MARTIN C, LIM C H. 2007. RockFall analyst: A GIS extension for three-dimensional and spatially distributed rockfall hazard modeling[J].

Computers & Geosciences, 33(2): 262-279.

[79] 章广成, 向欣, 唐辉明. 2011. 落石碰撞恢复系数的现场试验与数值计算[J]. 岩石力学与工程学报, 30(6): 1266-1273.

[80] DORREN L K A, BERGER F, PUTTERS U S. 2006. Real-size experiments and 3-D simulation of rockfall on forested and non-forested slopes[J]. Natural Hazards and Earth System Science, 6(1): 145-153.

[81] 张路青, 杨志法, 张英俊. 2005. 公路沿线遭遇滚石的风险分析—方法研究[J]. 岩石力学与工程学报, 24(S2): 5543-5548.

[82] 周建昆, 李罡. 2009. 高速公路滚石风险评估[J]. 地下空间与工程学报, 5(2): 358-363.

[83] 庄建琦, 崔鹏, 葛永刚, 等. 2010. "5·12"汶川地震崩塌滑坡危险性评价—以都汶公路沿线为例[J]. 岩石力学与工程学报, 29(S2): 3735-3742.

[84] LI H, LI X, LI W, et al. 2019. Quantitative assessment for the rockfall hazard in a post-earthquake high rock slope using terrestrial laser scanning[J]. Engineering Geology, 248: 1-13.

[85] BUNCE C M, CRUDEN D M, MORGENSTERN N R. 1997. Assessment of the hazard from rock fall on a highway[J]. Canadian Geotecnical Journal, 34: 344-356.

[86] MARQUÍNEZ J, MENÉNDEZ DUARTE R, FARIAS P, et al. 2003. Predictive GIS-based model of rockfall activity in mountain cliffs[J]. Natural Hazards, 30(3): 341-360.

[87] COROMINAS J, COPONS R, MOYA J, et al. 2005. Quantitative assessment of the residual risk in a rockfall protected area[J]. Landslides, 2(4): 343-357.

[88] GARCÍA-RODRÍGUEZ M J, MALPICA J A, BENITO B, et al. 2008. Susceptibility assessment of earthquake-triggered landslides in El Salvador using logistic regression[J]. Geomorphology, 95(3-4): 172-191.

[89] KAYABAŞı A. 2018. The assesment of rockfall analysis near a railroad: A case study at the Kızılinler village of Eskişehir, Turkey[J]. Arabian Journal of Geosciences, 11(24): 800.

[90] MINEO S, PAPPALARDO G, URSO A D, et al. 2017. Event tree analysis for

rockfall risk assessment along a strategic mountainous transportation route[J]. Environmental Earth Sciences, 76(17): 620.

[91] FERRARI F, GIACOMINI A, THOENI K. 2016. Qualitative rockfall hazard assessment: A comprehensive review of current practices[J]. Rock Mechanics and Rock Engineering, 49(7): 2865-2922.

[92] MAINIERI R, LOPEZ-SAEZ J, CORONA C, et al. 2019. Assessment of the recurrence intervals of rockfall through dendrogeomorphology and counting scar approach: A comparative study in a mixed forest stand from the Vercors massif (French Alps)[J]. Geomorphology, 340: 160-171.

[93] KANARI M, KATZ O, WEINBERGER R, et al. 2019. Evaluating earthquake-induced rockfall hazard near the Dead Sea Transform[J]. Natural Hazards and Earth System Sciences, 19(4): 889-906.

[94] ABBRUZZESE J M, LABIOUSE V. 2014. New Cadanav methodology for quantitative rock fall hazard assessment and zoning at the local scale[J]. Landslides, 11(4): 551-564.

[95] PECKOVER F L, KERR J W G. 1977. Treatment and maintenance of rock slopes on transportation routes1[J]. Canadian Geotechnical Journal, 14(4): 487-507.

[96] 陈洪凯, 唐红梅, 胡明, 等. 2005. 危岩锚固计算方法研究[J]. 岩石力学与工程学报, 24（8）: 1321-1327.

[97] 殷跃平, 康宏达, 张颖. 2000. 链子崖危岩体稳定性分析及锚固工程优化设计[J]. 岩土工程学报, 22(5): 599-603.

[98] 郑灵芝, 马洪生. 2002. 塔子山危岩治理工程的数值模拟研究[J]. 水文地质工程地质,（2）: 53-55.

[99] 吴国庆, 俞弘志, 黄刚. 2013. SNS 柔性主动防护网在赛白高速公路上的应用[J]. 公路,（1）: 242-246.

[100] 薛康. 2016. 动荷载作用下高速公路岩质边坡崩塌分析及滚石防护措施研究[D]. 石家庄: 石家庄铁道大学.

[101] 叶四桥, 陈洪凯, 唐红梅. 2008. 基于落石计算的半刚性拦石墙设计[J]. 中国铁道科学, 29(2): 17-22.

[102] 龙湛, 邹顺, 吴清, 等. 2017. 公路滚石荷载下不同结构类型棚洞的抗冲击性

能分析[J]. 公路，62(5): 263-267.

[103] 黄润秋，刘卫华. 2009. 平台对滚石停积作用试验研究[J]. 岩石力学与工程学报，28(3): 516-524.

[104] 黄润秋，刘卫华，龚满福，等. 2010. 树木对滚石拦挡效应研究[J]. 岩石力学与工程学报，29(S1): 2895-2901.

[105] TAN D, YIN J, QIN J, et al. 2018. Large-scale physical modeling study on the interaction between rockfall and flexible barrier[J]. Landslides, 15(12): 2487-2497.

[106] 赵世春，余志祥，韦韬，等. 2013. 被动柔性防护网受力机理试验研究与数值计算[J]. 土木工程学报，46(5): 122-128.

[107] BERTOLO P, OGGERI C, PEILA D. 2009. Full-scale testing of draped nets for rock fall protection[J]. Canadian Geotechnical Journal, 46(3): 306-317.

[108] NICOT F, CAMBOU B, MAZZOLENI G. 2001. Design of rockfall restraining nets from a discrete element modelling[J]. Rock Mechanics and Rock Engineering, 34(2): 99-118.

[109] GENTILINI C, GOTTARDI G, GOVONI L, et al. 2013. Design of falling rock protection barriers using numerical models[J]. Engineering Structures, 50: 96-106.

[110] THOENI K, GIACOMINI A, LAMBERT C, et al. 2014. A 3D discrete element modelling approach for rockfall analysis with drapery systems[J]. International Journal of Rock Mechanics and Mining Sciences, 68: 107-119.

[111] MOON T, OH J, MUN B. 2014. Practical design of rockfall catchfence at urban area from a numerical analysis approach[J]. Engineering Geology, 172: 41-56.

[112] LAMBERT S, GOTTELAND P, NICOT F. 2009. Experimental study of the impact response of geocells as components of rockfall protection embankments[J]. Natural Hazards and Earth System Science, 9(2): 459-467.

[113] LAMBERT S, BOURRIER F, TOE D. 2013. Improving three-dimensional rockfall trajectory simulation codes for assessing the efficiency of protective embankments[J]. International Journal of Rock Mechanics and Mining Sciences, 60: 26-36.

[114] VERMA A K, SARDANA S, SINGH T N, et al. 2018. Rockfall analysis and optimized design of rockfall barrier along a strategic road near Solang valley, Himachal Pradesh, India[J]. Indian Geotechnical Journal, 48(4): 686-699.

[115] HU J, LI S, SHI S, et al. 2019. Development and application of a model test system for rockfall disaster study on tunnel heading slope[J]. Environmental Earth Sciences, 78: 391.

[116] 谢全敏, 刘雄. 2000. 危岩体柔性网络锁固治理研究[J]. 岩石力学与工程学报, 19(5): 640-642.

[117] 叶四桥, 陈洪凯, 唐红梅. 2004. 重庆市万州区太白岩危岩综合治理[J]. 重庆交通学院学报, 23(1): 85-89.

[118] 张中俭, 张路青. 2007. 滚石灾害防治方法浅析[J]. 工程地质学报, 15(5): 712-717.

[119] 姜清辉. 2000. 三维非连续变形分析方法的研究[D]. 武汉: 中国科学院武汉岩土力学研究所.

[120] SHI G H. 1988. Discontinuous deformation analysis—a new numerical model for the statics and dynamics of block systems[D]. Berkeley: University of California.

[121] 石根华. 1997. 数值流形方法与非连续变形分析[M]. 裴觉民, 译. 北京: 清华大学出版社.

[122] TANG C, TANG S, GONG B, et al. 2015. Discontinuous deformation and displacement analysis: From continuous to discontinuous[J]. Science China Technological Sciences, 58(9): 1567-1574.

[123] WANG W, ZHANG H, ZHENG L, et al. 2017. A new approach for modeling landslide movement over 3D topography using 3D discontinuous deformation analysis[J]. Computers and Geotechnics, 81: 87-97.

[124] DOOLIN D M, SITAR N. 2004. Time integration in Discontinuous Deformation Analysis[J]. Journal of Engineering Mechanics, 130(3): 249-258.

[125] YAGODA-BIRAN G, HATZOR Y H. 2016. Benchmarking the numerical Discontinuous Deformation Analysis method[J]. Computers and Geotechnics, 71: 30-46.

[126] WU J H, OHNISHI Y, SHI G H, et al. 2005. Theory of three-dimensional

discontinuous deformation analysis and its application to a slope toppling at Amatoribashi, Japan[J]. International Journal of Geomechanics, 5(3): 179-195.

[127] 王建全. 2006. 三维块体系统接触检索算法与非连续变形分析[D]. 大连: 大连理工大学.

[128] 汪巍巍. 2001. DDA 方法及其在工程中的应用[D]. 南京: 河海大学.

[129] LIN C, AMADEI B, JUNG J, et al. 1996. Extensions of discontinuous deformation analysis for jointed rock masses[J]. International Journal of Rock Mechanics and Mining Sciences and Geomechanics Abstracts, 33(7): 671-694.

[130] NING Y, YANG J, MA G, et al. 2009. Contact algorithm modification of DDA and its verification[C]. Singapore: Proceedings of the 9th International Conference on Analysis of Discontinuous Deformation (ICADD-9).

[131] BAO H, ZHAO Z, TIAN Q. 2014. On the implementation of augmented Lagrangian method in the two-dimensional discontinuous deformation analysis[J]. International Journal for Numerical and Analytical Methods in Geomechanics, 38(6): 551-571.

[132] ZHANG Y H, CHENG Y M. 1998. The extension and application of DDA method[J]. Chinese Journal of Geotechnical Engineering, 20(2): 109-111.

[133] CHENG Y M. 1998. Advancements and improvement in discontinuous deformation analysis[J]. Computers and Geotechnics, 22(2): 153-163.

[134] CAI Y E, LIANG G P, SHI G H, et al. 1996. Studing impact problem by LDDA method[C]. Berkeley, California: Proceedings of the 1st International Forum on Discontinuous Deformation analysis (DDA) and Simulations of Discontinuous Media.

[135] BAO H, ZHAO Z. 2010. An alternative scheme for the corner–corner contact in the two-dimensional discontinuous deformation analysis[J]. Advances in Engineering Software, 41(2): 206-212.

[136] BAO H, ZHAO Z. 2012. The vertex-to-vertex contact analysis in the two-dimensional discontinuous deformation analysis[J]. Advances in Engineering Software, 45(1): 1-10.

[137] 余鹏程, 张迎宾, 赵兴权, 等. 2017. 一种改进的二维 DDA 接触查找方法[J]. 岩土力学, 38(3): 902-910.

[138] KOO C Y, CHERN J C. 1996. The development of DDA with third order displacement function[C]. Berkeley, California: Proceedings of the 1st International Forum on Discontinuous Deformation Analysis (DDA) and Simulations of Discontinuous Media.

[139] HUANG T, LIU Y. 2012. The analysis of structure deformation using DDA with third order displacement function[J]. Advanced Materials Research, 446-449: 906-916.

[140] 邬爱清, 刘晓莹, 张杨, 等. 2014. 基于 DDA 的弹性力学全高阶多项式位移逼近方法及其实例验证[J]. 固体力学学报, 35(2): 142-149.

[141] 马永政, 蔡可键, 郑宏. 2016. 混合多位移模式的非连续变形分析法研究[J]. 岩土力学, 37(3): 867-874.

[142] 李小凯, 郑宏. 2014. 基于线性互补的非连续变形分析[J]. 岩土力学, 35(6): 1787-1794.

[143] MACLAUGHLIN M, SITAR N. 1996. Rigid body rotation in DDA[C]. Berkeley, California: Proceedings of the 1st International Forum on Discontinuous Deformation Analysis(DDA) and Simulations of Discontinuous Media.

[144] CHENG Y M, ZHANG Y H. 2000. Rigid body rotation and block internal discretization in DDA analysis[J]. International Journal for Numerical and Analytical Methods in Geomechanics, 24(6): 567-578.

[145] WU J. 2015. The elastic distortion problem with large rotation in discontinuous deformation analysis[J]. Computers and Geotechnics, 69: 352-364.

[146] 高亚楠, 高峰, Man-chu Ronald YEUNG. 2011. 基于有限变形理论的非连续变形分析方法改进[J]. 岩石力学与工程学报, 30(11): 2360-2365.

[147] FAN H, ZHENG H, ZHAO J. 2017. Discontinuous deformation analysis based on strain-rotation decomposition[J]. International Journal of Rock Mechanics and Mining Sciences, 92: 19-29.

[148] JIANG W, ZHENG H. 2015. An efficient remedy for the false volume expansion of DDA when simulating large rotation[J]. Computers and Geotechnics, 70: 18-23.

[149] SHI G H. 1996. Discontinuous deformation analysis programs, version 96, User's

manual[Z]. Young RM-C.

[150] HATZOR Y H, FEINTUCH A. 2001. The validity of dynamic block displacement prediction using DDA[J]. International Journal of Rock Mechanics and Mining Sciences, 38(4): 599-606.

[151] DOOLIN D M, SITAR N. 2002. Displacement accuracy of discontinuous deformation analysis method applied to sliding block[J]. Journal of Engineering Mechanics, 128(11): 1158-1168.

[152] 刘军，李仲奎. 2004. 非连续变形分析方法中一些控制参数的设置[J]. 成都理工大学学报(自然科学版)，31(5): 522-526.

[153] 江巍，郑宏. 2007. 非连续变形分析方法中人为参数的影响[J]. 岩土力学，28（12）：2603-2606.

[154] 邬爱清，冯细霞，卢波. 2015. 非连续变形分析中时间步及弹簧刚度取值研究[J]. 岩土力学，36(3): 891-897.

[155] 刘泉声，蒋亚龙，何军. 2017. 非连续变形分析的精度改进方法及研究趋势[J]. 岩土力学，38(6): 1746-1761.

[156] LIN S, XIE Z. 2015. Performance of DDA time integration[J]. Science China Technological Sciences, 58(9): 1558-1566.

[157] TSESARSKY M, HATZOR Y H, SITAR N. 2005. Dynamic displacement of a block on an inclined plane: Analytical, experimental and DDA results[J]. Rock Mechanics and Rock Engineering, 38(2): 153-167.

[158] KOO C Y, CHERN J C. 1998. Modification of the DDA method for rigid block problems[J]. International Journal of Rock Mechanics and Mining Sciences, 35(6): 683-693.

[159] MORTAZAVI A, KATSABANIS P D. 2001. Modelling burden size and strata dip effects on the surface blasting process[J]. International Journal of Rock Mechanics and Mining Sciences, 38(4): 481-498.

[160] 姜清辉，周创兵，漆祖芳. 2009. 基于 Newmark 积分方案的 DDA 方法[J]. 岩石力学与工程学报，28(S1): 2778-2783.

[161] 刘永茜，杨军. 2011. 一种改进步长自调的非连续变形分析法[J]. 岩土力学，32(8): 2544-2548.

[162] 付晓东，盛谦，张勇慧. 2015. 非连续变形分析方法中的阻尼问题研究[J]. 岩

土力学，36(7): 2057-2062.

[163] KE T C. 1996. Artificial joint-based DDA[C]. Berkeley, California: Proceedings of the 1st International Forum on Discontinuous Deformation Analysis (DDA) and Simulations of Discontinuous Media.

[164] 夏才初，许崇帮. 2010. 非连续变形分析(DDA)中断续节理扩展的模拟方法研究和试验验证[J]. 岩石力学与工程学报，29(10): 2027-2033.

[165] JIAO Y, ZHANG X, ZHAO J. 2012. Two-dimensional DDA contact constitutive model for simulating rock fragmentation[J]. Journal of Engineering Mechanics, 138(2): 199-209.

[166] 甯尤军，杨军，陈鹏万. 2010. 节理岩体爆破的 DDA 方法模拟[J]. 岩土力学，31(7): 2259-2263.

[167] SHYU K. 1993. Nodal-based discontinuous deformation analysis[D]. Berkeley: University of California.

[168] 郑榕明，张勇慧，王可钧. 2000. 耦合算法原理及有限元与 DDA 的耦合[J]. 岩土工程学报，22(6): 727-730.

[169] 刘君，孔宪京，SHYU K. 2004. DDA 与 FEM 耦合法在分缝重力坝非线性分析中的应用[J]. 计算力学学报，21(5): 585-591.

[170] 曾伟，李俊杰. 2014. 基于 NMM-DDA 的直剪试验数值模拟[J]. 水电能源科学，32(7): 101-104.

[171] KIM Y, AMADEI B, PAN E. 1999. Modeling the effect of water, excavation sequence and rock reinforcement with discontinuous deformation analysis[J]. International Journal of Rock Mechanics and Mining Sciences, 36: 949-970.

[172] JING L, MA Y, FANG Z. 2001. Modeling of fluid flow and solid deformation for fractured rocks with discontinuous deformation analysis (DDA) method[J]. International Journal of Rock Mechanics and Mining Sciences, 38(3): 343-355.

[173] 郑春梅. 2010. 基于 DDA 的裂隙岩体水力耦合研究[D]. 济南：山东大学.

[174] 裴觉民，石根华. 1993. 岩石滑坡体的块体动态稳定和非连续变形分析[J]. 水利学报，(3): 28-34.

[175] 邬爱清，丁秀丽，卢波，等. 2008. DDA 方法块体稳定性验证及其在岩质边坡稳定性分析中的应用[J]. 岩石力学与工程学报，27(4): 664-672.

[176] WANG L, JIANG H, YANG Z, et al. 2013. Development of discontinuous

deformation analysis with displacement-dependent interface shear strength[J]. Computers and Geotechnics, 47: 91-101.

[177] ZHANG Y, XU Q, CHEN G, et al. 2014. Extension of discontinuous deformation analysis and application in cohesive-frictional slope analysis[J]. International Journal of Rock Mechanics and Mining Sciences, 70: 533-545.

[178] 殷坤龙，姜清辉，汪洋. 2002. 新滩滑坡运动全过程的非连续变形分析与仿真模拟[J]. 岩石力学与工程学报，21(7): 959-962.

[179] 何传永，孙平，吴永平，等. 2013. 用 DDA 方法验证倾倒边坡变形的制动机制[J]. 中国水利水电科学研究院学报，11(2): 107-111.

[180] CHEN Z, GONG W, MA G, et al. 2015. Comparisons between centrifuge and numerical modeling results for slope toppling failure[J]. Science China Technological Sciences, 58(9): 1497-1508.

[181] CHEN K, WU J. 2018. Simulating the failure process of the Xinmo landslide using discontinuous deformation analysis[J]. Engineering Geology, 239: 269-281.

[182] 黄小福，张迎宾，赵兴权，等. 2017. 地震条件下危岩崩塌运动特性的初步探讨[J]. 岩土力学，38(2): 583-592.

[183] 邬爱清，丁秀丽，陈胜宏，等. 2006. DDA 方法在复杂地质条件下地下厂房围岩变形与破坏特征分析中的应用研究[J]. 岩石力学与工程学报，25(1): 1-8.

[184] HATZOR Y H, WAINSHTEIN I, BAKUN MAZOR D. 2010. Stability of shallow karstic caverns in blocky rock masses[J]. International Journal of Rock Mechanics and Mining Sciences, 47(8): 1289-1303.

[185] HATZOR Y H, FENG X, LI S, et al. 2015. Tunnel reinforcement in columnar jointed basalts: The role of rock mass anisotropy[J]. Tunnelling and Underground Space Technology, 46: 1-11.

[186] ZHANG Y, FU X, SHENG Q. 2014. Modification of the discontinuous deformation analysis method and its application to seismic response analysis of large underground caverns[J]. Tunnelling and Underground Space Technology, 40: 241-250.

[187] ZUO J, SUN Y, LI Y, et al. 2017. Rock strata movement and subsidence based on

MDDA, an improved discontinuous deformation analysis method in mining engineering[J]. Arabian Journal of Geosciences, 10(18): 395.

[188] NING Y J, YANG J, AN X, et al. 2011. Modelling rock fracturing and blast-induced rock mass failure via advanced discretisation within the discontinuous deformation analysis framework[J]. Computers and Geotechnics, 38(1): 40-49.

[189] 郭双, 武鑫, 甯尤军. 2018. 地应力条件下爆破载荷破岩的 DDA 模拟研究[J]. 工程爆破, 24(5): 8-14.

[190] 徐海, 罗周全, 文磊, 等. 2020. 垮塌区隐患资源爆破开挖变形响应的 DDA 法[J]. 西南交通大学学报, 55 (3): 485-494.

[191] KAIDI S, ROUAINIA M, OUAHSINE A. 2012. Stability of breakwaters under hydrodynamic loading using a coupled DDA/FEM approach[J]. Ocean Engineering, 55: 62-70.

[192] 虞松, 朱维申, 张云鹏. 2015. 基于 DDA 方法一种流-固耦合模型的建立及裂隙体渗流场分析和应用[J]. 岩土力学, 36(2): 555-560.

[193] 佘文翀, 王媛, 周凌峰, 等. 2019. DDA 中裂隙岩体渗流网络识别方法的改进及应用[J]. 水电能源科学, 37(3): 111-114.

[194] KAMAI R, HATZOR Y H. 2008. Numerical analysis of block stone displacements in ancient masonry structures: A new method to estimate historic ground motions[J]. International Journal for Numerical and Analytical Methods in Geomechanics, 32(11): 1321-1340.

[195] RIZZI E, COCCHETTI G, COLASANTE G, et al. 2010. Analytical and numerical analysis on the collapse mode of circular masonry arches[J]. Advanced Materials Research, 133-134: 467-472.

[196] DONG Z, DING X, HUANG S, et al. 2018. Analysis of deep dynamic sliding stability of gravity dam foundation based on DDA method[J]. IOP Conference Series: Materials Science and Engineering, 452: 22100.

[197] PEARCE C J, THAVALINGAM A, LIAO Z, et al. 2000. Computational aspects of the discontinuous deformation analysis framework for modelling concrete fracture[J]. Engineering Fracture Mechanics, 65(2): 283-298.

[198] SHI G H. 2001. Three-dimensional discontinuous deformation analysis[C].

Scotlan: Proceedings of the 4th International Conference on Analysis of Discontinuous Deformation.

[199] SHI G H. 2005. Producing joint polygons, cutting rock blocks and finding removable blocks for general free surfaces using 3-D DDA[C].Hawaii: Proceedings of the 7th International Conference on Analysis of Discontinuous Deformation.

[200] 王如路，陈乃明，刘宝琛. 1996. 三维块体不连续变形分析理论简析[J]. 岩石力学与工程学报，15(3): 28-33.

[201] 张杨，邬爱清，林绍忠. 2010. 三维高阶 DDA 方法的静力分析研究[J]. 岩石力学与工程学报，29(3): 558-564.

[202] BEYABANAKI S A R, JAFARI A, YEUNG M R. 2010. High-order three-dimensional discontinuous deformation analysis (3-D DDA)[J]. International Journal for Numerical Methods in Biomedical Engineering, 26: 1522-1547.

[203] 刘君. 2001. 三维非连续变形分析与有限元耦合算法研究[D]. 大连: 大连理工大学.

[204] BEYABANAKI S A R, JAFARI A, BIABANAKI S O R, et al. 2009. A coupling model of 3-D discontinuous deformation analysis(3-D DDA) and finite element method[J]. The Arabian Journal for Science and Engineering, 34(1B): 107-119.

[205] WANG W, CHEN G, Zhang H, et al. 2016. Analysis of landslide-generated impulsive waves using a coupled DDA-SPH method[J]. Engineering Analysis with Boundary Elements, 64: 267-277.

[206] WANG W, CHEN G, ZHANG Y, et al. 2017. Dynamic simulation of landslide dam behavior considering kinematic characteristics using a coupled DDA-SPH method[J]. Engineering Analysis with Boundary Elements, 80: 172-183.

[207] ZHAO G, LIAN J, RUSSELL A, et al. 2017. Three-dimensional DDA and DLSM coupled approach for rock cutting and rock penetration[J]. International Journal of Geomechanics, 17(5): E4016015.

[208] 张洪，张迎宾，郑路，等. 2018. 基于中心差分方案的显式三维非连续变形分析法[J]. 岩石力学与工程学报，37(7): 1649-1658.

[209] 张洪. 2019. 一种增广拉格朗日优化方案及其非连续变形分析实现[J]. 岩土工程学报，41(2): 361-367.

[210] BEYABANAKI S A R, BAGTZOGLOU A C. 2012. Three-dimensional discontinuous deformation analysis (3-D DDA) method for particulate media applications[J]. Geomechanics and Geoengineering: An International Journal, 7(4): 239-253.

[211] JIAO Y, HUANG G, ZHAO Z, et al. 2015. An improved three-dimensional spherical DDA model for simulating rock failure[J]. Science China Technological Sciences, 58(9): 1533-1541.

[212] MENG J, CAO P, HUANG J, et al. 2019. Three-dimensional spherical discontinuous deformation analysis using second-order cone programming[J]. Computers and Geotechnics, 112: 319-328.

[213] SHI G H. 2015. Contact theory[J]. Science China Technological Sciences, 58(9): 1450-1496.

[214] 姜清辉，丰定祥. 2000. 三维非连续变形分析方法中角-面接触模型的研究[J]. 岩石力学与工程学报，(S1): 930-935.

[215] JIANG Q H, YEUNG M R. 2004. A model of point-to-face contact for three-dimensional discontinuous deformation analysis[J]. Rock Mechanics and Rock Engineering, 37(2): 95-116.

[216] WU J, JUANG C H, LIN H. 2005. Vertex-to-face contact searching algorithm for three-dimensional frictionless contact problems[J]. International Journal for Numerical Methods in Engineering, 63(6): 876-897.

[217] BEYABANAKIA S A R, MIKOLAB R G, BIABANAKIC S O R, et al. 2009. New point-to-face contact algorithm for 3-D contact problems using the augmented Lagrangian method in 3-D DDA[J]. Geomechanics and Geoengineering: An International Journal, 4(3): 221-236.

[218] YEUNG M R, JIANG Q H, SUN N. 2007. A model of edge-to-edge contact for three-dimensional discontinuous deformation analysis[J]. Computers and Geotechnics, 34(3): 175-186.

[219] WU J. 2008. New edge-to-edge contact calculating algorithm in three-

dimensional discrete numerical analysis[J]. Advances in Engineering Software, 39(1): 15-24.

[220] MOUSAKHANI M, JAFARI A. 2016. A new model of edge-to-edge contact for three dimensional discontinuous deformation analysis[J]. Geomechanics and Geoengineering: An International Journal, 11(2): 135-148.

[221] ZHANG H, LIU S, ZHENG L, et al. 2016. Extensions of edge-to-edge contact model in three-dimensional discontinuous deformation analysis for friction analysis[J]. Computers and Geotechnics, 71: 261-275.

[222] LIU J, KONG X, LIN G. 2004. Formulation of the three-dimensional discontinuous deformation analysis method[J]. Acta Mechanica Sinica, 20(3): 270-282.

[223] KENETI A R, JAFARI A, WU J. 2008. A new algorithm to identify contact patterns between convex blocks for three-dimensional discontinuous deformation analysis[J]. Computers and Geotechnics, 35(5): 746-759.

[224] ZHANG H, LIU S, HAN Z, et al. 2016. A new algorithm to identify contact types between arbitrarily shaped polyhedral blocks for three-dimensional discontinuous deformation analysis[J]. Computers and Geotechnics, 80: 1-15.

[225] ZHENG F, JIAO Y, SITAR N. 2018. Generalized contact model for polyhedra in three-dimensional discontinuous deformation analysis[J]. International Journal for Numerical and Analytical Methods in Geomechanics, 42(13): 1471-1492.

[226] 吴建宏，大西有三，石根华，等. 2003. 三维非连续变形分析(3D DDA)理论及其在岩石边坡失稳数值仿真中的应用[J]. 岩石力学与工程学报，22(6): 937-942.

[227] 张国新，李海枫，黄涛. 2010. 三维不连续变形分析理论及其在岩质边坡工程中的应用[J]. 岩石力学与工程学报，29(10): 2116-2126.

[228] ZHENG L, CHEN G, LI Y, et al. 2014. The slope modeling method with GIS support for rockfall analysis using 3D DDA[J]. Geomechanics and Geoengineering: An International Journal, 9(2): 142-152.

[229] ZHANG H, LIU S, WANG W, et al. 2018. A new DDA model for kinematic

analyses of rockslides on complex 3-D terrain[J]. Bulletin of Engineering Geology and the Environment, 77(2): 555-571.

[230] LIU S, LI Z, ZHANG H, et al. 2018. A 3-D DDA damage analysis of brick masonry buildings under the impact of boulders in mountainous areas[J]. Journal of Mountain Science, 15(3): 657-671.

[231] 李俊杰, 刘国阳, 叶唐进, 等. 2018. 基于三维非连续变形分析的西藏高原岩质边坡失稳破坏研究[J]. 高原科学研究, (1): 1-13.

[232] 石根华. 2016. 接触理论及非连续形体的形成约束和积分[M]. 北京: 科学出版社.

[233] PENG X, CHEN G, YU P, et al. 2019. Parallel computing of three-dimensional discontinuous deformation analysis based on OpenMP[J]. Computers and Geotechnics, 106: 304-313.

[234] LIU G Y, LI J J. 2019. A three-dimensional discontinuous deformation analysis method for investigating the effect of slope geometrical characteristics on rockfall behaviors[J]. International Journal of Computational Methods, 16(8): 1850122.

[235] 高亚楠. 2012. 基于有限变形理论的岩石变形与破坏问题研究[D]. 徐州: 中国矿业大学.

[236] FAN H, ZHENG H, ZHAO J. 2018. Three-dimensional discontinuous deformation analysis based on strain-rotation decomposition[J]. Computers and Geotechnics, 95: 191-210.

[237] 陈至达. 1988. 有理力学: 非线性连续体力学[M]. 徐州: 中国矿业大学出版社.

[238] GONG W, HU J, TAO Z. 2019. An improved discontinuous deformation analysis to solve both shear and tensile failure problems[J]. KSCE Journal of Civil Engineering, 23(5): 1974-1989.

[239] 侯健, 林峰, 顾祥林. 2007. 描述混凝土块体间碰撞性能的冲量模型[J]. 振动与冲击, 26(10): 1-5.

[240] 侯健, 王建安. 2010. 混凝土块体多体碰撞试验研究[J]. 工业建筑, 40(S1): 247-249.

[241] CHEN G, ZHENG L, ZHANG Y, et al. 2013. Numerical simulation in rockfall analysis: A close comparison of 2-D and 3-D DDA[J]. Rock Mechanics and Rock Engineering, 46(3): 527-541.

[242] SAGASETA C. 1986. On the modes of instability of a rigid block on an inclined plane[J]. Rock Mechanics and Rock Engineering, 19(4): 261-266.

[243] AYDAN O, SHIMIZU Y, ICHIKAWA Y. 1989. The effective failure modes and stability of slopes in rock mass with two discontinuity sets[J]. Rock Mechanics and Rock Engineering, 22(3): 163-188.

[244] GOODMAN R E, BRAY J W. 1976. Toppling of rock slopes[C]. Boulder: Proceedings of the Specialty Conference on Rock Engineering for Foundations and Slopes, American Society of Civil Engineers.

[245] 胡亚东. 2015. 苗尾水电站右岸坝前边坡倾倒变形特征及加固措施研究[D]. 成都: 成都理工大学.

[246] 沈力. 2016. 西藏境内G318国道沿线路堑边坡坡体结构研究[D]. 成都: 西南交通大学.

[247] 叶兆荣. 2013. 望霞危岩体形成演化过程模拟及崩塌落石轨迹预测[D]. 长春: 吉林大学.